中等职业学校公共基础课程配套教材

信息技术实训指导

（上册）

主　编　黄煜欣　彭耀春　覃绍启　黄巧芳
副主编　倪铭承

电子工业出版社
Publishing House of Electronics Industry
北京·BEIJING

内 容 简 介

本书是根据《中等职业学校信息技术课程标准》，结合中等职业学校学生学习水平和能力特点，以及职业生涯发展和终身学习的需要编写的信息技术基础教材。全书分为上、下两册，共包含 8 章，本书为《信息技术实训指导（上册）》，包含第 1 章～第 3 章的内容，具体包括信息技术应用基础、网络应用、图文编辑。各章内容通过实训任务逐步展开，有利于适应中等职业学校项目化教学要求及中职学生的学习特点。本书简明通俗，便于理解，不仅可以拓宽学生的知识面，还可以培养学生的计算机应用能力和解决问题的能力。

本书可作为中等职业学校信息技术类专业及其他专业的教材，也可作为信息技术爱好者的自学用书或培训教材。

未经许可，不得以任何方式复制或抄袭本书之部分或全部内容。
版权所有，侵权必究。

图书在版编目（CIP）数据

信息技术实训指导. 上册 / 黄煜欣等主编. —北京：电子工业出版社，2022.8
ISBN 978-7-121-44096-0

Ⅰ. ①信… Ⅱ. ①黄… Ⅲ. ①电子计算机 – 中等专业学校 – 教学参考资料 Ⅳ. ①TP3

中国版本图书馆 CIP 数据核字(2022)第 143414 号

责任编辑：张瑞喜
文字编辑：罗克强
印　　刷：中国电影出版社印刷厂
装　　订：中国电影出版社印刷厂
出版发行：电子工业出版社
　　　　　北京市海淀区万寿路 173 信箱　邮编：100036
开　　本：787×1092　1/16　印张：9.75　字数：196 千字
版　　次：2022 年 8 月第 1 版
印　　次：2022 年 8 月第 1 次印刷
定　　价：28.00 元

凡所购买电子工业出版社图书有缺损问题，请向购买书店调换。若书店售缺，请与本社发行部联系，联系及邮购电话：（010）88254888，88258888。
质量投诉请发邮件至 zlts@phei.com.cn，盗版侵权举报请发邮件至 dbqq@phei.com.cn。
本书咨询联系方式：qiyuqin@phei.com.cn。

前　　言

进入21世纪，人们的工作、生活都离不开信息技术，人工智能和大数据更给人们的生活添加了科学、准确、高效和智能的色彩。熟悉并掌握信息技术处理的基本知识和技能已经成为职场人胜任本职工作、适应社会发展的必备条件之一。本书通过多样化的教学形式，帮助学生认识信息技术对当今人类生产、生活的重要作用，理解信息技术、信息社会等概念和信息社会的特征与规范，综合应用信息技术解决生产、生活和学习情境中的各种问题，在数字化学习与创新过程中培养独立思考和主动探究能力，不断强化认识、合作、创新能力，为职业能力的提升奠定基础。

《信息技术实训指导》包含上、下两册，共分为8章，内容包括信息技术应用基础、网络应用、图文编辑、数据处理、程序设计入门、数字媒体技术应用、信息安全、人工智能初步等。

（1）第1章介绍信息技术应用基础知识，包括信息技术和信息社会的基本常识、信息系统、信息技术设备的选用与连接、操作系统的使用、信息资源管理、系统维护等内容。

（2）第2章介绍网络应用知识，包括网络的概念与配置、网络资源的获取、网络交流与信息共享、网络工具的应用、物联网的概念等内容。

（3）第3章介绍图文编辑知识，重点介绍文字处理工具Word 2010的使用方法。

（4）第4章介绍数据处理知识，重点介绍电子表格工具Excel 2010的使用方法。

（5）第5章介绍程序设计入门知识，包括程序设计理念、简单程序的设计方法等。

（6）第6章介绍数字媒体技术应用知识，包括数字媒体素材的获取和处理、编辑图像素材和音视频素材、制作电子相册和宣传片、演示文稿基本操作、演示文稿动画设置等内容。

（7）第7章介绍信息安全知识，包括信息安全常识、防范恶意攻击等知识。

（8）第8章介绍人工智能初步知识，包括人工智能和机器人的基本常识。

本书为《信息技术实训指导（上册）》，包含第1章～第3章的内容。

本书由黄煜欣、彭耀春、覃绍启、黄巧芳担任主编，由倪铭承担任副主编。

由于时间仓促，加之作者水平有限，书中难免有错漏之处，敬请专家和读者批评指正。

编　者
2022年5月

目　　　录

第 1 章　信息技术应用基础 1

实训任务 1.1　认知信息技术与信息社会 1
1.1.1　实训目标 1
1.1.2　实训内容 1
1.1.3　实训环境 2
1.1.4　实训指导 2
1.1.5　基础练习 5
1.1.6　学习评价 6

实训任务 1.2　认识信息系统 7
1.2.1　实训目标 7
1.2.2　实训内容 7
1.2.3　实训环境 9
1.2.4　实训指导 9
1.2.5　基础练习 16
1.2.6　举一反三 17
1.2.7　学习评价 18

实训任务 1.3　选用和连接计算机外部设备 18
1.3.1　实训目标 18
1.3.2　实训内容 19
1.3.3　实训环境 19
1.3.4　实训指导 19
1.3.5　基础练习 21
1.3.6　举一反三 22
1.3.7　学习评价 22

实训任务 1.4　使用操作系统 22
1.4.1　实训目标 22
1.4.2　实训内容 23
1.4.3　实训环境 23
1.4.4　实训指导 23
1.4.5　基础练习 28
1.4.6　举一反三 29

1.4.7　学习评价 33
实训任务 1.5　管理信息资源 34
　　　1.5.1　实训目标 34
　　　1.5.2　实训内容 34
　　　1.5.3　实训环境 35
　　　1.5.4　实训指导 35
　　　1.5.5　基础练习 38
　　　1.5.6　举一反三 39
　　　1.5.7　学习评价 41
实训任务 1.6　维护系统 41
　　　1.6.1　实训目标 41
　　　1.6.2　实训内容 42
　　　1.6.3　实训环境 42
　　　1.6.4　实训指导 42
　　　1.6.5　基础练习 43
　　　1.6.6　举一反三 44
　　　1.6.7　学习评价 50

第 2 章　网络应用 51
实训任务 2.1　认识网络 51
　　　2.1.1　实训目标 51
　　　2.1.2　实训内容 51
　　　2.1.3　实训环境 52
　　　2.1.4　实训指导 52
　　　2.1.5　基础练习 54
　　　2.1.6　学习评价 55
实训任务 2.2　配置网络 56
　　　2.2.1　实训目标 56
　　　2.2.2　实训内容 56
　　　2.2.3　实训环境 57
　　　2.2.4　实训指导 57
　　　2.2.5　基础练习 59
　　　2.2.6　举一反三 60
　　　2.2.7　学习评价 61
实训任务 2.3　获取网络资源 61
　　　2.3.1　实训目标 61
　　　2.3.2　实训内容 62

2.3.3　实训环境 62
　　2.3.4　实训指导 62
　　2.3.5　基础练习 65
　　2.3.6　举一反三 66
　　2.3.7　学习评价 68
实训任务 2.4　网络交流与信息发布 68
　　2.4.1　实训目标 68
　　2.4.2　实训内容 69
　　2.4.3　实训环境 69
　　2.4.4　实训指导 69
　　2.4.5　基础练习 75
　　2.4.6　举一反三 76
　　2.4.7　学习评价 78
实训任务 2.5　运用网络工具 78
　　2.5.1　实训目标 78
　　2.5.2　实训内容 78
　　2.5.3　实训环境 79
　　2.5.4　实训指导 79
　　2.5.5　基础练习 79
　　2.5.6　举一反三 80
　　2.5.7　学习评价 83
实训任务 2.6　了解物联网 83
　　2.6.1　实训目标 83
　　2.6.2　实训内容 84
　　2.6.3　实训环境 84
　　2.6.4　实训指导 84
　　2.6.5　基础练习 85
　　2.6.6　学习评价 87

第 3 章　图文编辑 88
实训任务 3.1　操作图文编辑软件 88
　　3.1.1　实训目标 88
　　3.1.2　实训内容 88
　　3.1.3　实训环境 89
　　3.1.4　实训指导 89
　　3.1.5　基础练习 91
　　3.1.6　举一反三 94

    3.1.7 学习评价 97

实训任务 3.2　设置文本格式 98
    3.2.1 实训目标 98
    3.2.2 实训内容 98
    3.2.3 实训环境 99
    3.2.4 实训指导 99
    3.2.5 基础练习 104
    3.2.6 举一反三 105
    3.2.7 学习评价 108

实训任务 3.3　制作表格 108
    3.3.1 实训目标 108
    3.3.2 实训内容 109
    3.3.3 实训环境 110
    3.3.4 实训指导 110
    3.3.5 基础练习 115
    3.3.6 举一反三 116
    3.3.7 学习评价 122

实训任务 3.4　绘制图形 122
    3.4.1 实训目标 122
    3.4.2 实训内容 123
    3.4.3 实训环境 124
    3.4.4 实训指导 124
    3.4.5 基础练习 130
    3.4.6 举一反三 131
    3.4.7 学习评价 134

实训任务 3.5　编排图文 135
    3.5.1 实训目标 135
    3.5.2 实训内容 135
    3.5.3 实训环境 136
    3.5.4 实训指导 136
    3.5.5 基础练习 140
    3.5.6 举一反三 142
    3.5.7 学习评价 144

附录 A　综合练习 145

第 1 章 信息技术应用基础

实训任务 1.1 认知信息技术与信息社会

1.1.1 实训目标

1. 知识目标
- 了解信息技术的概念及发展历程；
- 掌握信息技术应用领域的特点；
- 展望信息社会的发展趋势。

2. 技能目标
- 掌握信息技术的概念；
- 熟知信息技术的发展历程和应用领域；
- 了解信息社会的特征和道德约束；
- 预判信息社会的发展趋势。

3. 素养与课程思政目标
- 增强信息意识；
- 发扬与时俱进的先进理念；
- 推动信息社会高效发展。

1.1.2 实训内容

认知信息技术与信息社会思维导图如图 1-1 所示。

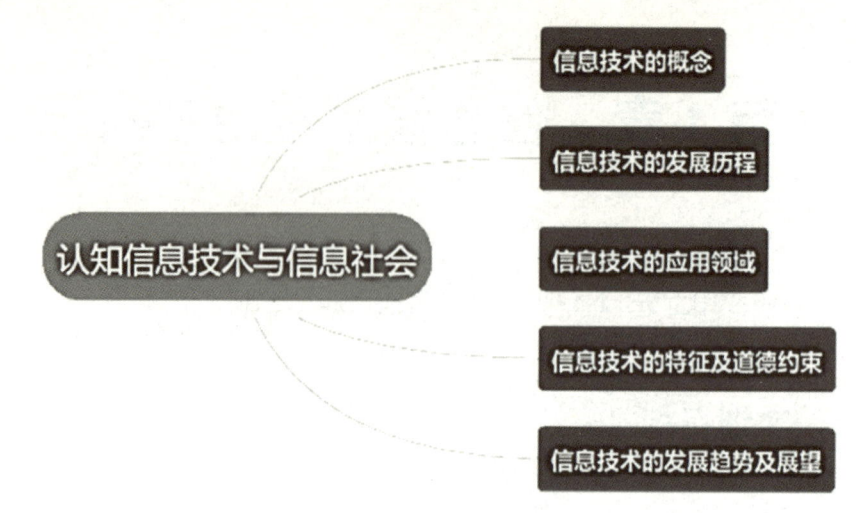

图 1-1 认知信息技术与信息社会思维导图

1.1.3 实训环境

已安装Windows 7操作系统和基础应用软件的计算机。

1.1.4 实训指导

1. 信息技术的概念

信息技术是以计算机和现代通信为主要手段，实现信息的获取、加工、传递和利用等功能的综合技术。计算机诞生于20世纪中叶，是人类最伟大的技术发明之一，它可以按照指令对各种数据和信息进行自动加工和处理。计算机的出现和广泛应用把人类从繁重的脑力劳动中解放出来，提高了社会各个领域中信息的收集、处理和传播速度与准确性，直接推动了人类社会向信息化社会的迈进。

2. 信息技术的发展历程

信息技术的发展历程也可以说是计算机的发展过程，自1946年美国诞生第一台计算机后，信息技术便进入了飞速发展的阶段。按照计算机所采用的电子器件的不同，可将其发展历程划分为以下4个阶段，如表1-1所示。

表 1-1 计算机的发展历程

发展阶段	电子器件	软　件	应用领域
第一代（1946—1958 年）	电子管	机器语言、汇编语言	军事与科研
第二代（1959—1964 年）	晶体管	高级语言、操作系统	数据处理和事务处理
第三代（1965—1970 年）	中、小规模集成电路	多种高级语言、完善的操作系统	科学计算、数据处理及过程控制
第四代（1971 年至今）	大规模、超大规模集成电路	数据库管理系统、网络操作系统等	人工智能、数据通信及社会的各领域

3. 信息技术的应用领域

计算机以其速度快、精度高、能记忆、会判断、自动化等特点，经过短短几十年的发展，已经渗透到人类社会的各个方面，从国民经济各部门到生产和工作领域，从家庭生活到消费娱乐，到处都可见计算机的应用成果。在现代人类生活中，计算机的应用无处不在，简单来说，计算机主要应用在以下领域中。

（1）科学计算。

一些无法用人工解决的大量复杂的数值计算，使用计算机可以快速而准确地进行解决。

（2）数据处理。

数据处理也叫信息处理，是计算机应用中最广泛的领域。

（3）自动控制。

计算机加上感应检测设备及模/数转换器，就构成了自动控制系统。目前被广泛用于操作复杂的钢铁工业、石油化工业和医药工业等生产过程。在国防和航空航天领域中也起着决定性的作用，如无人驾驶飞机、导弹、人造卫星和宇宙飞船等飞行器的控制。

（4）辅助设计和辅助教学。

计算机辅助设计简称CAD，是指借助计算机，人们可以自动或半自动地完成各类工程设计工作。目前CAD技术已应用于飞机设计、船舶设计、建筑设计、机械设计和大规模集成电路设计等。

计算机辅助教学简称CAI，是指用计算机来辅助完成教学计划或模拟某个实验过程。CAI不仅能够减轻教师的负担，还能激发学生的学习兴趣。

（5）人工智能。

人工智能是计算机应用的一个新领域，这方面的研究和应用正处于发展阶段。在医疗诊断、定理证明、语言翻译、机器人等方面，人工智能已有显著的成效。

（6）多媒体技术应用。

多媒体是指把文本、动画、图形、图像、音频、视频等各种媒体综合起来的一种技术。

（7）计算机网络。

计算机网络是现代计算机技术与通信技术高度发展和密切结合的产物，它利用通信设备和线路将地理位置不同、功能独立的多个计算机系统连接起来，以功能完善的网络软件实现网络中资源共享和信息传递的系统。

4. 信息社会的特征及道德约束

随着计算机和网络技术的广泛应用，计算机病毒已经成为信息社会的常态化威胁。计算机病毒的产生是计算机技术和以计算机为核心的社会信息化进程发展到一定阶段的必然产物，主要以Internet作为传播载体。

防止计算机病毒的侵入和传播不但要依靠法律机制，也要依靠我们每个计算机用户的道德意识，这就要求我们必须树立病毒防范意识，从思想上重视计算机病毒可能会给计算机安全运行带来的危害，养成良好的计算机使用习惯，学习和掌握必备的相关知识，不但要防止病毒的输入，更不能成为病毒的传播链。

5. 信息社会的发展趋势及展望

未来的社会是大数据和人工智能的社会，大数据市场需求明确，因此大数据技术会持续发展，将作为从数据中创造新价值的工具，与物联网、移动互联、云计算、社会计算等热点技术领域相互交叉融合，在更多的行业领域中得到应用，带来广泛的社会价值。

而人工智能会从专用智能向通用智能发展，并加速与其他学科领域交叉渗透，成为人类生产生活中的好帮手。当前，我国人工智能发展的总体态势良好，人工智能企业在人脸识别、语音识别、安防监控、智能音箱、智能家居等人工智能应用领域处于国际前列。2017年7月，国务院发布《新一代人工智能发展规划》，将新一代人工智能放在国家战略层面进行部署，描绘了面向2030年的我国人工智能发展路线图，旨在构筑人工智能先发优势，把握新一轮科技革命战略的主动性。

1.1.5 基础练习

1. 选择题

（1）支撑第四代计算机的软件系统主要是（　　）。

  A．语言   B．操作系统

  C．语言和操作系统   D．数据库管理系统和网络操作系统

（2）（　　）在国防和航空航天领域中起着决定性的作用，如无人驾驶飞机、导弹、人造卫星和宇宙飞船等飞行器的控制。

  A．科学计算   B．数据处理   C．自动控制   D．辅助设计

（3）计算机辅助设计简称（　　），是指借助计算机的帮助，人们可以自动或半自动地完成各类工程设计工作。

  A．CAD   B．CAI   C．CPU   D．WIN

（4）医疗诊断、定理证明、语言翻译、机器人等属于计算机应用的（　　）领域。

  A．数据处理   B．自动控制

  C．人工智能   D．多媒体技术应用

（5）2017年7月，国务院发布《新一代人工智能发展规划》，描绘了面向（　　）年的我国人工智能发展路线图，旨在构筑人工智能先发优势，把握新一轮科技革命战略主动。

  A．2020   B．2030   C．2040   D．2050

2. 填空题

（1）电子计算机诞生于_____。

（2）信息处理也叫_____，是计算机应用中最广泛的领域。

（3）计算机加上感应检测设备及模/数转换器，就构成了_____。

（4）_____是现代计算机技术与通信技术高度发展和密切结合的产物。

（5）计算机病毒是指编制或者在计算机程序内插入的、破坏计算机功能或者破坏数据影响计算机使用的、能够自我复制的一组_____。

（6）当前，我国_____发展的总体态势良好，在人脸识别、语音识别、安防监控、智能音箱、智能家居等应用领域处于国际前列。

3. 简答题

（1）什么是信息技术？

（2）计算机的特点有哪些？

（3）简述计算机的应用领域。

1.1.6 学习评价

评价项目	指标体系	评价			
		不合格	合格	良好	优秀
知识理解	了解信息技术的概念及发展历程				
	掌握信息技术应用领域的特点				
	展望信息社会的发展趋势				
动手能力	掌握信息技术的概念				
	熟知信息技术的发展历程和应用领域				
	了解信息社会的特征和道德约束				
	预判信息社会的发展趋势				
素养与课程思政	增强信息意识				
	发扬与时俱进的先进理念				
	推动信息社会高效发展				

实训任务 1.2　认识信息系统

1.2.1　实训目标

1. 知识目标

- 了解计算机硬件系统；
- 了解计算机软件系统。
- 了解进制；
- 了解编码。

2. 技能目标

- 清楚计算机硬件系统的组成及各部分的名称和功能；
- 清楚计算机软件系统的组成及各类软件的功能；
- 学会常用进制的转换方法；
- 了解信息编码的常见形式及存储单位的概念与换算。

3. 素养与课程思政目标

- 认识信息系统；
- 学习信息知识；
- 推动信息社会高效发展。

1.2.2　实训内容

任务一

实训任务一内容如图1-2所示。

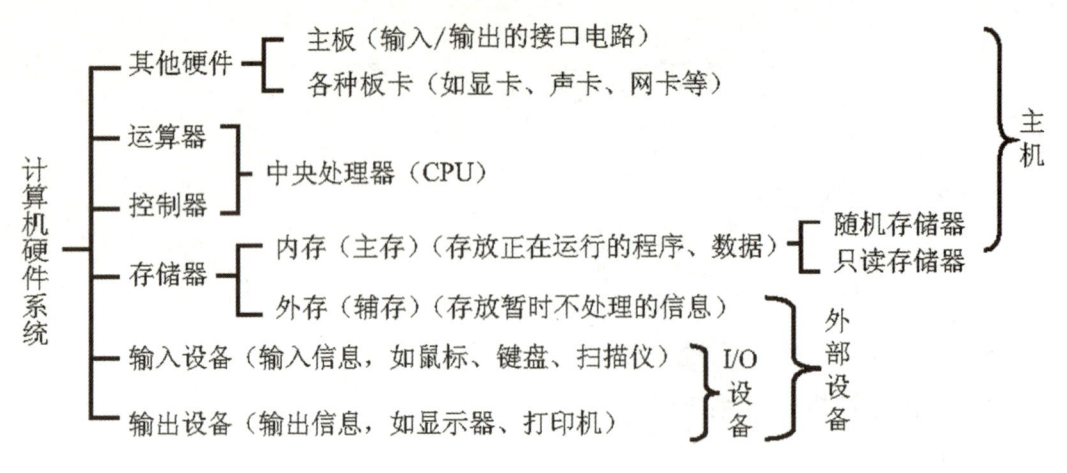

图1-2 实训任务一内容

任务二

实训任务二内容如图1-3所示。

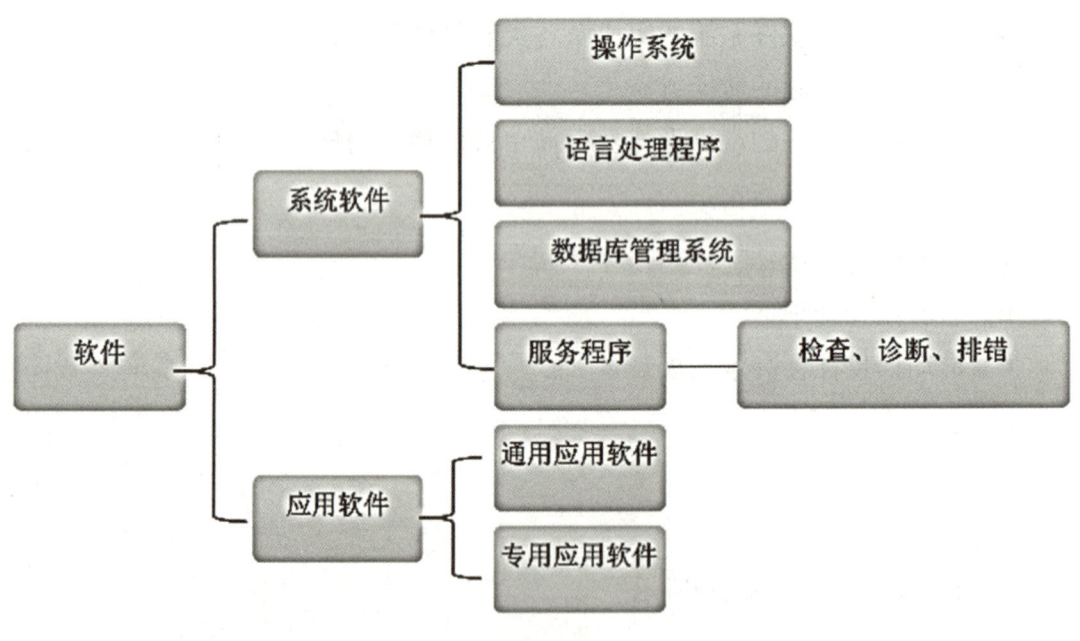

图1-3 实训任务二内容

认识信息系统思维导图如图1-4所示。

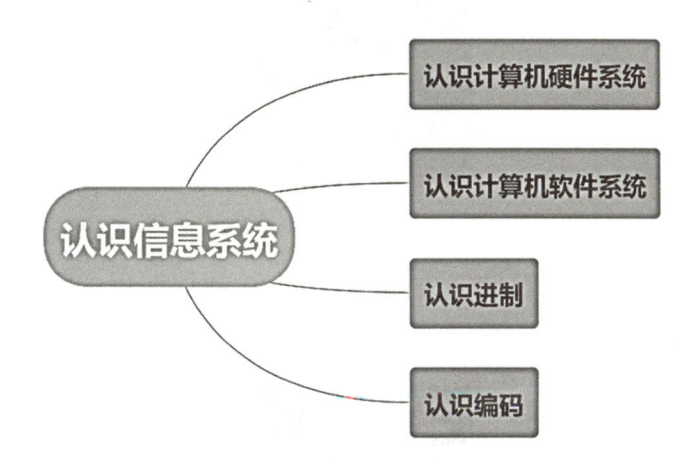

图 1-4　认识信息系统思维导图

1.2.3　实训环境

已安装Windows 7操作系统和基础应用软件的计算机。

1.2.4　实训指导

任务一

1. 计算机部分硬件的外观如图1-5所示。

图 1-5　计算机部分硬件外观

2. 中央处理器（CPU）犹如人的大脑，控制、管理计算机系统各部件，使它们协调一致地工作，如图1-6所示。

图1-6　CPU

3. 存储器是具有记忆存储能力的，用于存放数据和程序的设备，包括硬盘、光盘、U盘等，如图1-7所示。

硬盘 　　　　　　　　　　光盘 　　　　　　　　　　U盘

图1-7　存储器

4. 内存条是存放数据的临时仓库，如图1-8所示。

图1-8　内存条

5. 输入设备是向计算机中输入信息的设备，包括键盘、鼠标、扫描仪等，如图1-9所示。

键盘

鼠标 　　　　　　　　　　　　　　　　扫描仪

图1-9　输入设备

6. 输出设备是将计算机内的信息以某种形式进行输出的设备，包括显示器、打印机等，如图1-10所示。

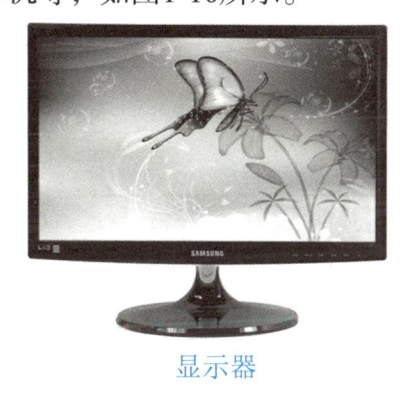

显示器　　　　　　　　　　　　　　打印机

图1-10　输出设备

7. 主板相当于人的血脉和神经，CPU通过它来控制其他部件，如图1-11所示。

图1-11　主板

8. 计算机硬件还包括显卡、声卡等，如图1-12所示。

显卡　　　　　　　　　　　　　　声卡

图1-12　显卡和声卡

任务二

1. 计算机系统软件有Windows、Linux等。

2. 计算机应用软件有办公软件、杀毒软件、多媒体处理软件等。

任务三

1. 进制即进位计数制,是一种计数的方法,计算机中常用的进制有二进制、八进制、十进制和十六进制,表示方法如表1-2所示。

表1-2 计算机中常用进制的表示方法

进 制	运算规则	基 数	基本符号	位 权	表示方法
二进制	逢二进一	$R=2$	0,1	2^i	B
八进制	逢八进一	$R=8$	0,1,2,…,7	8^i	O
十进制	逢十进一	$R=10$	0,1,2,…,9	10^i	D
十六进制	逢十六进一	$R=16$	0,1,2,…,9,A,B,…,F	16^i	H

2. 八进制数与二进制数、十六进制数与二进制数之间的对应关系如表1-3所示。

表1-3 八进制数与二进制数、十六进制数与二进制数之间的对应关系

八进制数	对应二进制数	十六进制数	对应二进制数	十六进制数	对应二进制数
0	000	0	0000	8	1000
1	001	1	0001	9	1001
2	010	2	0010	A	1010
3	011	3	0011	B	1011
4	100	4	0100	C	1100
5	101	5	0101	D	1101
6	110	6	0110	E	1110
7	111	7	0111	F	1111

(1)十进制数到二进制数的转换。

要将十进制数转换成二进制数,一般将十进制数分为整数和小数两部分分别进行转换,整数部分和小数部分的转换方法略有不同。

● 整数部分。

整数部分的转换可采用"除2倒取余法",用列除式的算法将十进制整数不断地除以2,直到商为0为止,最后将所取余数按逆序排列即可得到转换后的二进制数。例如,要将十进制数25转换为二进制数,方法如下。

```
2 | 25         余数
 2 | 12         1
  2 | 6         0
   2 | 3        0
    2 | 1       1
       0        1
```

得到的余数按逆序排列为11001，因此$(25)_{10}=(11001)_2$

- 小数部分。

小数部分的转换可采用"乘2取整法"，即将十进制数的小数部分不断地乘以2，每做一次乘法都取出所得到乘积的整数部分，再用积的小数部分乘以2，再取出整数部分，以此类推。如果小数部分正好是5的倍数，则一般计算到小数部分为0时止，否则以计算到约定的精确度为准，最后将所取整数按顺序排列。例如，要将十进制数0.75转换为二进制数，方法如下。

```
       0.75
    ×     2
    ———————
       1.50    ……  1
    ×     2
    ———————
       1.00    ……  1
```

结果为 $(0.75)_{10}=(0.11)_2$

（2）二进制数到十进制数的转换。

基本原理：将二进制数从小数点分界点，往左从0开始对各位进行正序编号，往右序号则分别为-1，-2，-3，…，直到最末位，然后分别将各位上的数乘以2的k次方所得的值进行求和，其中k的值为各个位所对应的上述编号。例如，将二进制数1101.101转换为十进制数，方法如下。

$1001.101 = 1×2^3+0×2^2+0×2^1+1×2^0+1×2^{-1}+0×2^{-2}+1×2^{-3}$
$= 8+1+0.5+0.125 = 9.625$

结果为 $(1001.101)_2=(9.625)_{10}$

（3）二进制数与八进制数的相互转换。

- 二进制数转换为八进制数。

基本原理：由于八进数的基数8是2的三次方（$8=2^3$），因此，一个二进制数转换为八进制数，如果是整数，只要从它的低位向高位每3位二进制数组成一组，然后将每组二进制数分别用一位相应的八进制数表示。如果有小数部分，则从小数点开始，分别向小数左右两边按照上述方法进行分组计算，若小数部分最末组不足三位，则后面补0。例如，将二进制数10111.11转换为八进制数，方法如下。

$$\begin{array}{ll} \text{二进制数} & 10\ 111\ .110 \\ \text{八进制数} & 2\ \ 7\ \ .6 \end{array}$$

即 $(10111.11)_2 = (27.6)_8$

- 八进制数转换为二进制数。

基本原理：八进制数转换为二进制数，只要从它的低位开始将每1位八进制数用3位二进制数表示出来。如果有小数部分，则从小数点开始，分别向左右两边按照上述方法进行转换。例如，将八进制数64.3转换为二进制数，方法如下。

$$\begin{array}{ll} \text{八进制数} & 6\ \ 4\ \ .3 \\ \text{二进制数} & 110\ 100\ .011 \end{array}$$

即 $(64.3)_8 = (110100.011)_2$

（4）二进制数与十六进制数之间的转换。

- 二进制数转换为十六进制数。

基本原理：由于十六进制数基数16为2的四次方（$16=2^4$），因此，一个二进制数转换为十六进制数，如果是整数，只要从它的低位到高位每4位组成一组，然后将每组二进制数所对应的数用十六进制数表示出来。如果有小数部分，则从小数点开始，分别向左右两边按照上述方法进行分组计算，若小数部分最末组不足四位，则后面补0。例如，将二进制数1101011.101转换为十六进制数，方法如下。

$$\begin{array}{ll} \text{二进制数} & 110\ 101\ 1.1010 \\ \text{十六进制数} & 6\ \ B\ \ .A \end{array}$$

结果为 $(1101011.101)_2 = (6B.A)_{16}$

- 十六进制数转换为二进制数。

基本原理：十六进制数转换为二进制数，只要从它的低位开始将每位上的数用二进制数表示出来。如果有小数部分，则从小数点开始，分别向左右两边按照上述方法进行转换。例如，将十六进制数6F.B4转换为二进制数，方法如下。

十六进制数	6	F	. B	4
二进制数	0110	1111	.1011	0100

结果为 $(6FB4)_{16}$ = $(1101111.101101)_2$

（5）十进制数转换为十六进制数。

仿照十进制数转换为二进制数，十进制数转换为十六进制数可采用"除16倒取余法"和"乘16取整法"，而在实际转换时，一般先将十进制数转换成二进制数，然后再将二进制数转换成十六进制数。

（6）十六进制数转换为十进制数。

仿照二进制数转换为十进制数将其按权展开求和即可，例如：

$(2C.B)_{16}$ = $2×16^1 + 12×16^0 + 11×16^{-1}$ = $(44.6875)_{10}$

任务四

1. 信息编码是为了方便信息的存储、检索和使用，在进行信息处理时对信息元素以代码的形式来进行表示。计算机中常见的编码形式有国际通用的字符编码ASCII码，存储数字的原码、反码和补码，以及表示汉字的汉字内码、汉字外码和汉字字形码等。

2. 存储单位的概念及换算。在信息系统中，通常用二进制序列来表示计算机、电子信息数据容量的量纲，计算机存储单位一般用bit、B、KB、MB、GB、TB、PB、EB、ZB、YB、BB、NB、DB…来表示，其中 bit（比特）是最小的存储单位，用于存放一位二进制数，即0或1；B（字节byte）是最常用的单位，后面每一级均为前一级的1024倍。它们之间的换算关系如下：

- 1 Byte（B）= 8 bit
- 1 Kilo Byte（KB）= 1024B
- 1 Mega Byte（MB）= 1024 KB
- 1 Giga Byte（GB）= 1024 MB
- 1 Tera Byte（TB）= 1024 GB

- 1 Peta Byte（PB）= 1024 TB
- 1 Exa Byte（EB）= 1024 PB
- 1 Zetta Byte（ZB）= 1024 EB
- 1Yotta Byte（YB）= 1024 ZB
- 1 Bronto Byte（BB）= 1024 YB
- 1Nona Byte（NB）=1024 BB
- 1 Dogga Byte（DB）=1024 NB
- 1 Corydon Byte（CB）=1024DB

1.2.5　基础练习

1. 选择题

（1）二进制的表示方法为（　　）。
  A．B　　　　　B．O　　　　　C．D　　　　　D．H

（2）八进制数2对应的二进制数为（　　）。
  A．2　　　　　B．010　　　　C．0010　　　　D．1011

（3）在将十进制数转换为二进制数时，如果小数部分正好是5的倍数，则一般计算到小数部分为（　　）时为止。
  A．0　　　　　B．1　　　　　C．2　　　　　D．5

（4）在将十六进制数转换为十进制数时，仿照二进制数转换为十进制数将其按权展开（　　）即可。
  A．取整　　　　B．取余　　　　C．求和　　　　D．求商

（5）将一个二进制数转换为十六进制数，如果是整数，只要从它的低位到高位每（　　）位组成一组，然后将每组二进制数所对应的数用十六进制数表示出来。
  A．1　　　　　B．2　　　　　C．4　　　　　D．16

2. 填空题

（1）进制是一种_____。

（2）在将十进制数转换成二进制数时，一般是将十进制数分为_____两部分分别进行转换。

（3）在将十进制数转换成二进制数时，_____部分的转换可采用"除2倒

取余法"。

（4）_____法是将十进制数的小数部分不断地乘以2，每做一次乘法都取出所得到乘积的整数部分，再以积的小数部分乘以2，再取出整数部分。

（5）在将十六进制数转换为十进制数时，仿照二进制数转换为十进制数将其按权展开_____即可。

3. 简答题

（1）简述十进制数转换为二进制数的方法。

（2）二进制数到十进制数的转换原理是什么？

1.2.6 举一反三

案例一描述：

将十进制数185.24转换为二进制数（保留四位小数）。

参考操作步骤：

整数部分转换	小数部分转换
2 ⌊ 185	0.24
2 ⌊ 92 ······ 1	× 2
2 ⌊ 46 ······ 0	0.48 ······ 0
2 ⌊ 23 ······ 0	× 2
2 ⌊ 11 ······ 1	0.96 ······ 0
2 ⌊ 5 ······ 1	× 2
2 ⌊ 2 ······ 1	1.92 ······ 1
2 ⌊ 1 ······ 0	× 2
0 ······ 1	1.84 ······ 1

结果为 $(185.24)_{10} = (10111001.0011)_2$

案例二描述：

将1MB转换为字节。

参考操作步骤：

（1）将1MB乘以1024，转换为KB。

（2）将1024KB乘以1024，得到字节数。

1.2.7 学习评价

评价项目	指标体系	评价			
		不合格	合格	良好	优秀
知识理解	了解计算机硬件系统和软件系统				
	了解进制和编码				
动手能力	清楚计算机硬件系统的组成与功用				
	清楚计算机软件系统的组成与功用				
	学会进制的转换				
	学会编码的换算				
素养与课程思政	认识信息系统				
	学习信息知识				
	推动信息社会高效发展				

实训任务 1.3　选用和连接计算机外部设备

1.3.1 实训目标

1. 知识目标

- 了解常用的计算机外部设备；
- 掌握信息技术设备的连接与使用方法。

2. 技能目标

- 会连接常用的计算机外部设备；
- 会使用计算机外部设备。

3. 素养与课程思政目标

- 增强动手能力；
- 紧跟时代步伐；
- 建设科学高效的信息社会。

1.3.2 实训内容

选用和连接计算机外部设备思维导图如图1-13所示。

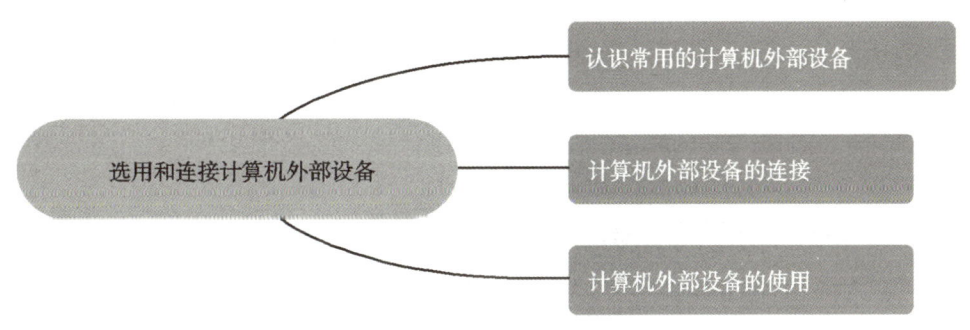

图 1-13　选用和连接计算机外部设备思维导图

1.3.3 实训环境

1. 安装好Windows 7系统和常用外部设备驱动软件的计算机。
2. 常见计算机外部设备。

1.3.4 实训指导

任务一

1. 音箱的作用是配合声卡输出计算机中的声音，要用计算机进行看电影、听音乐等娱乐活动，便需要为其配置音箱或耳机。

2. 打印机用于将计算机中的文档或图像打印到纸上。打印机目前主要有两类，一是激光打印机，二是喷墨打印机。激光打印机的优点是打印速度快。

3. 扫描仪用于将纸质文件及各种图片输入到计算机中。

4. 使用数码相机可以将拍摄的相片传输到计算机中，进行编辑处理后，通过打印机打印出来。

5. 闪盘是一种移动储存设备，可用于在不同的计算机之间传输数据。

6. 使用DV可以将拍摄的视频传输到计算机中，然后利用视频制作软件对视频进行加工处理。利用摄像头可与远方的朋友进行视频聊天。

7. 要用计算机在Internet上进行语音聊天，或将声音录入计算机，需要配置一个麦克风。

任务二

1. 计算机的电源线、键盘线、鼠标线、显示器线、网线，以及打印机、扫描仪、音箱等各种外部设备数据线都连接在主机表面的插孔中，其中大部分插孔都设计在计算机主机的背后，如图1-14所示。

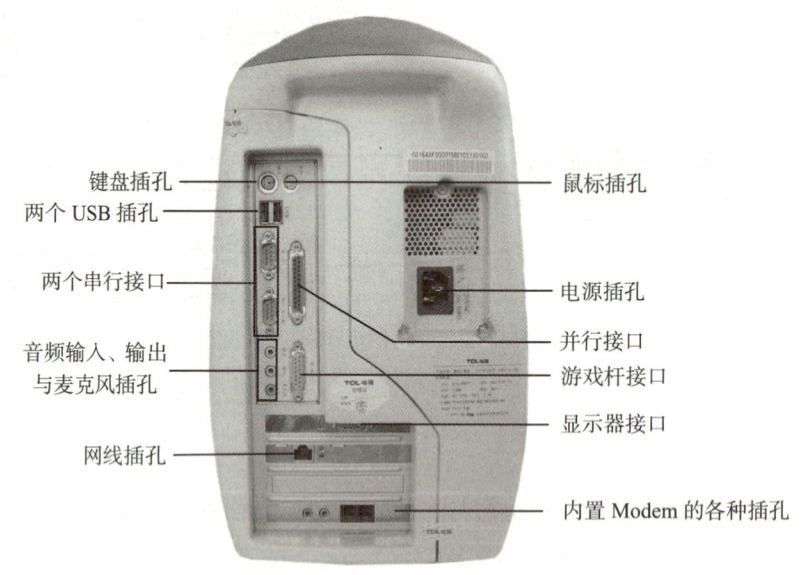

图1-14　外部设备接口

2. 在连接时要分清各种设备所对应的接口，并注意各针角要对好相关的孔位，不要强行插，否则有可能会损坏针角，如图1-15所示。

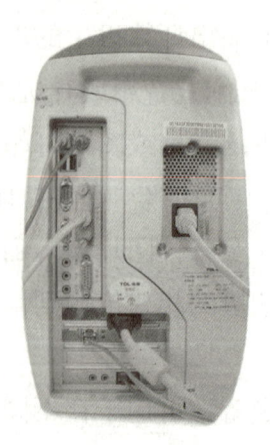

图1-15　连接设备

3. 设备连接好后要先测试一下连接效果，如果某个设备不能正常工作，就要重新拔插一下，查看是否连接有误，当所有设备均能正常使用后，就可以正常使用了。

1.3.5　基础练习

1. 填空题

（1）_____的作用是配合声卡输出计算机中的声音。

（2）激光打印机的优点是_____。

（3）在连接设备时要分清各种设备所对应的接口，并注意_____，不要强行插。

（4）要用计算机在Internet上进行语音聊天，或将声音录入计算机，需要配置一个_____。

（5）闪盘是一种_____设备。

2. 简答题

（1）简述常用的计算机外部设备。

（2）简述计算机外部设备的连接方法。

1.3.6 举一反三

案例描述：

连接常用计算机外部设备。

操作要求：

根据现有的条件决定安装何种计算机外部设备。

参考操作步骤：

1. 观察计算机外部设备连接线的插头和计算机主机的插口，找到与插头匹配的插口。

2. 将插头插入插口，如遇阻碍不要强行插，查看是否插错了，确认无误后重试。

3. 设备连接完成后，开机试验设备是否能够正常运行。

1.3.7 学习评价

评价项目	指标体系	评价			
		不合格	合 格	良 好	优 秀
知识理解	了解常用的计算机外部设备				
	掌握计算机外部设备的连接与使用方法				
动手能力	会连接常用的计算机外部设备				
	会使用计算机外部设备				
素养与课程思政	增强动手能力				
	紧跟时代步伐				
	建设科学高效的信息社会				

实训任务 1.4　使用操作系统

1.4.1 实训目标

1. 知识目标

- 了解操作系统的功能、类型与特点；

- 了解 Windows 7 操作系统的基本操作方法；
- 了解系统自带的常用程序的功能及使用方法。

2. **技能目标**
- 会使用Windows 7操作系统；
- 会使用Windows 7操作系统自带的常用程序；
- 会使用输入法输入字符和汉字。

3. **素养与课程思政目标**
- 践行社会主义核心价值观；
- 学习信息技术；
- 建设科学高效的信息社会。

1.4.2 实训内容

使用操作系统思维导图如图1-16所示。

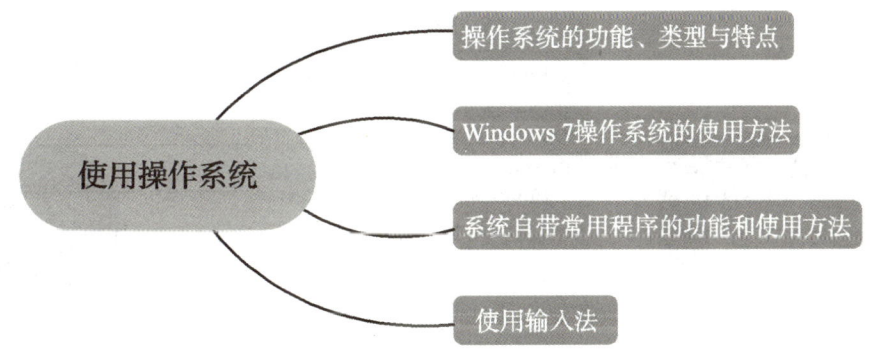

图 1-16　使用操作系统思维导图

1.4.3 实训环境

安装好Windows 7操作系统、汉字输入法、打字软件的计算机。

1.4.4 实训指导

1. 打开主机电源，启动计算机。

2. 启动计算机后看到的第一个界面就是桌面，即工作区。桌面主要由桌面背景、桌面图标、"开始"按钮和任务栏组成，如图1-17所示。

图 1-17　桌面

3. 在桌面上用鼠标右键单击"计算机"图标，在弹出的快捷菜单中选择"属性"选项，查看当前计算机操作系统，如图1-18所示。

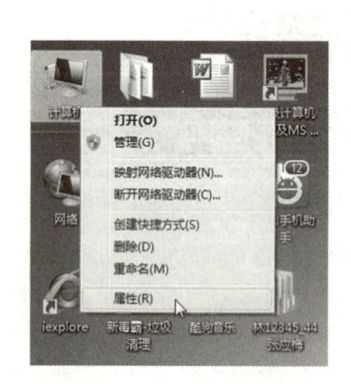

图 1-18　查看计算机操作系统

4. 双击桌面上的"计算机"图标，打开"计算机"窗口，如图1-19所示。

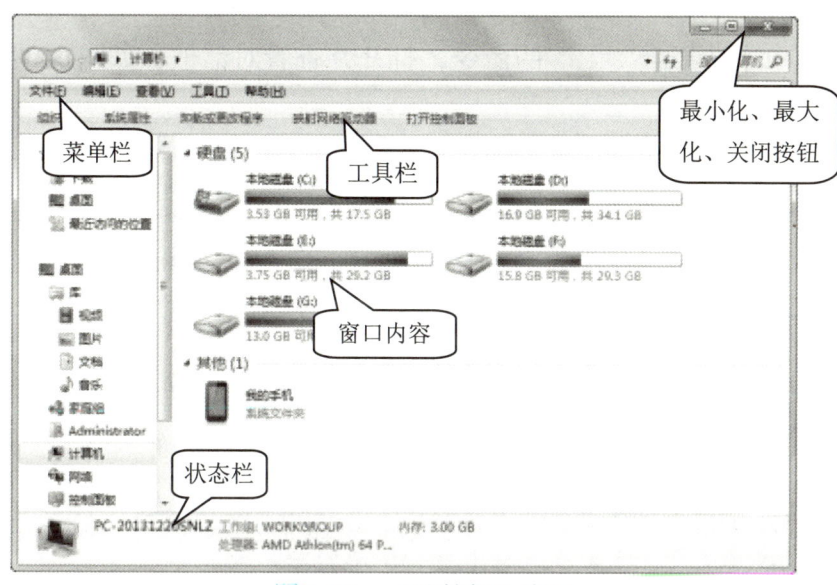

图 1-19 "计算机"窗口

5. 在任意一个窗口的菜单栏中选择任意一个选项，查看弹出的菜单，如图 1-20 所示。菜单中命令项的性质如表 1-4 所示。

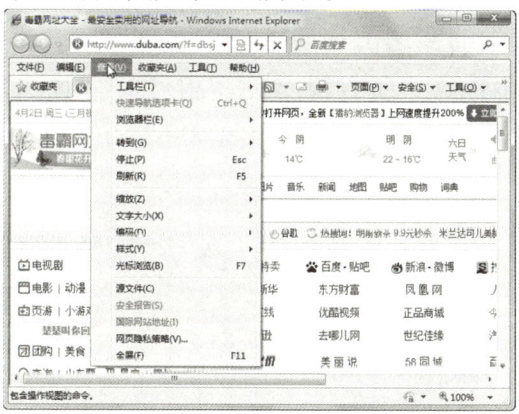

图 1-20 查看弹出的菜单

表 1-4 菜单中命令项的性质

命 令 项	说　　明
灰色字体	该命令当前暂不能使用
带√	该命令已起作用
带●	该命令已经选用
后带…	将出现一个对话框
后带▶	将引出一个级联菜单（即下一级菜单）
后带（×）	下画线上的字母为该命令的热键
带有组合键（如 Alt+F4）	快捷键

第 1 章　信息技术应用基础

6. 在菜单中选择带"…"的命令，打开并查看对话框，如图1-21所示。

图 1-21　对话框

7. Windows 7自带的实用工具通常在"附件"中，单击"开始"按钮，在弹出的"开始"菜单中选择"所有程序"|"附件"|"画图"选项，打开"画图"程序，如图1-22所示。

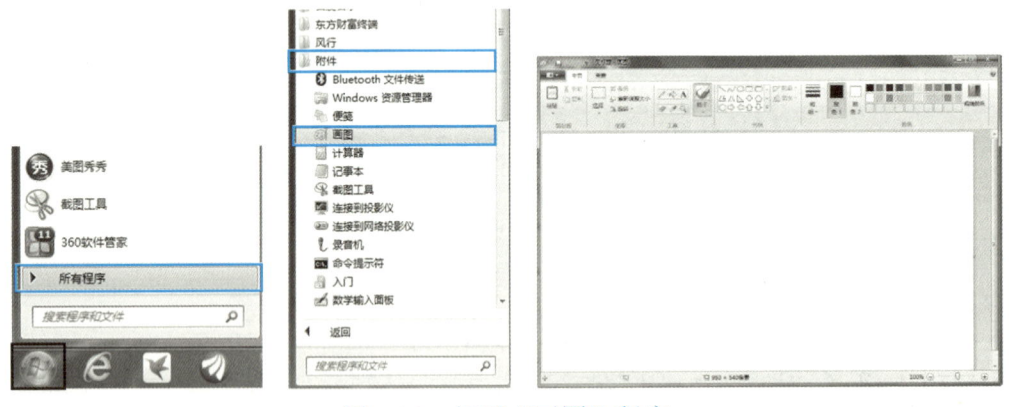

图 1-22　打开"画图"程序

8. 单击任务栏右下角的输入法图标，在弹出的输入法菜单中选择输入法，如图1-23所示。

— 26 —

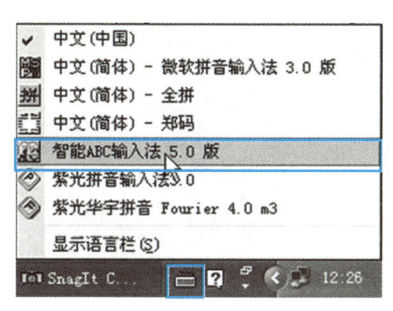

图 1-23　选择输入法

9. 使用输入法的状态栏进行各种操作，如："中/英"输入法互换、"全/半角"字符互换、"中/英"标点符号互换、软键盘开关、输入法的状态栏工具按钮等操作，如图1-24所示。

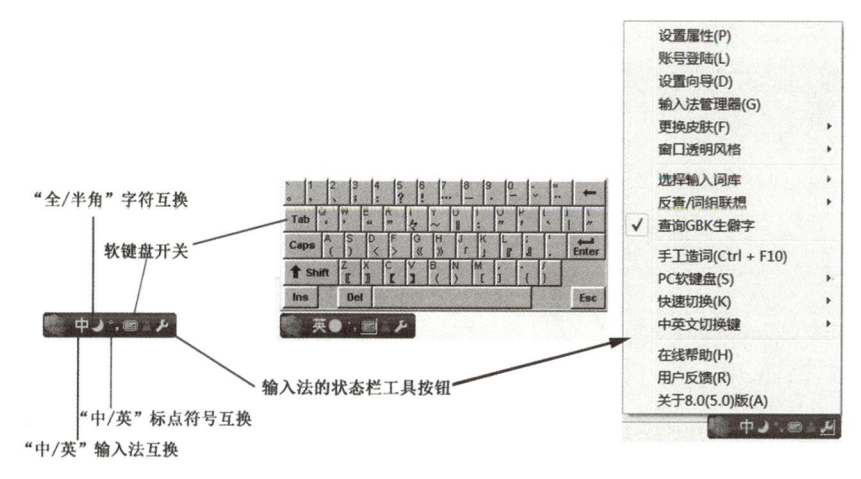

图 1-24　输入法操作

10. 键盘上的"A""S""D""F""J""K""L"";"八个键是基本键，在打字时双手要放在这八个键上，如图1-25所示。

图 1-25　基本键

11. 利用打字软件进行指法练习，如图1-26所示。

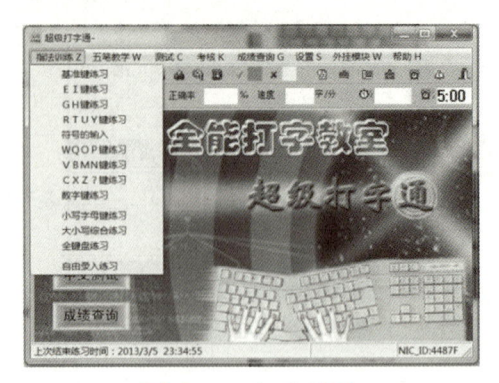

图 1-26　打字软件

12. 单击"开始"按钮，在弹出的"开始"菜单中单击"关机"按钮，关闭计算机，如图1-27所示。

图 1-27　关闭计算机

1.4.5　基础练习

1. 选择题

（1）Windows操作系统属于（　　）操作系统。
　　A. 个人　　　　B. 桌面　　　　C. 服务器　　　　D. 嵌入式

（2）启动计算机后看到的第一个界面是（　　）。
　　A. 窗口　　　　B. 对话框　　　C. 桌面　　　　　D. 图标

（3）在菜单中单击带（　　）的命令，将会出现一个对话框。

　　A. √　　　　B. ●　　　　C. ▶　　　　D. …

（5）打字时右手中指要放在（　　）键上。

　　A. S　　　　B. D　　　　C. K　　　　D. L

（6）正确的打字指法中，按"W"键时应使用（　　）。

　　A. 左手小指　　B. 左手中指　　C. 左手食指　　D. 不限制

2. 填空题

（1）_____主要由桌面背景、桌面图标、"开始"按钮和任务栏组成。

（2）菜单中的命令字体呈灰色，表示_____。

（3）Windows 7自带的实用工具通常在_____中。

（4）_____是计算机用户通过键盘向计算机下达指令的重要工具。

（5）计算机桌面底部的横条叫做_____。

3. 简答题

（1）如何打开计算机文件窗口？

（2）如何调出想要使用的输入法并输入汉字？

1.4.6　举一反三

案例一描述：

Windows 7桌面操作。

操作要求：

（1）设置显示或隐藏桌面图标，重新排列桌面图标。

（2）将桌面图标"回收站"更名为"垃圾桶"。

(3)改变任务栏的大小。

(4)移动任务栏。

(5)自动隐藏任务栏。

(6)截取当前桌面并以图片格式保存。

参考操作步骤:

(1)用鼠标右键单击桌面空白处,在弹出的快捷菜单中选择"查看"选项,在其子菜单中选择对应选项,如图1-28所示。

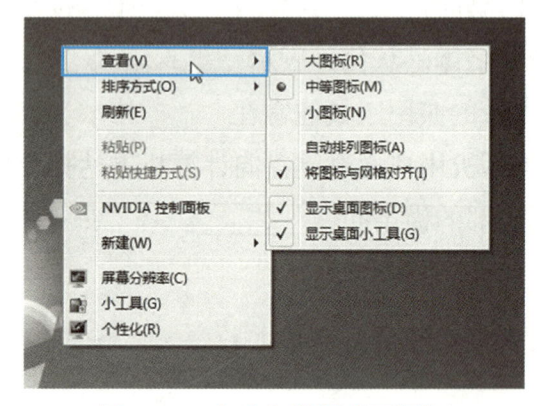

图1-28 查看和设置桌面图标

(2)用鼠标右键单击"回收站"图标,在弹出的快捷菜单中选择"重命名"选项,如图1-29所示。此时"回收站"图标名称会进入编辑状态,输入"垃圾桶",单击空白处或按"Enter"键确定。

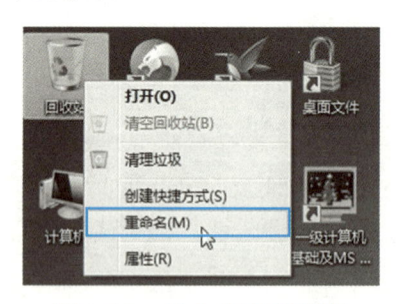

图1-29 重命名桌面图标

(3)用鼠标右键单击任务栏,在弹出的快捷菜单中取消选中"锁定任务栏"选项,然后用鼠标拖曳任务栏外边缘到适当位置。

(4)用鼠标右键单击任务栏,在弹出的快捷菜单中取消选中"锁定任务栏"选项,然后用鼠标拖曳任务栏到桌面任意四边。

（5）用鼠标右键单击任务栏空白处，在弹出的快捷菜单中选择"属性"选项，在打开的"任务栏和『开始』菜单属性"对话框中选中"自动隐藏任务栏"复选框，如图1-30所示。

图 1-30　自动隐藏任务栏

（6）按下"PrScrn"键后，打开"开始"菜单，选择"程序"|"附件"|"画图"选项，在打开的"画图"程序中单击"粘贴"按钮，保存图片，如图1-31所示。

图 1-31　截取当前桌面以图片格式保存

案例二描述：

Windows 7窗口操作。

操作要求：

（1）同时打开多个窗口，调整好各窗口大小和位置，使各窗口都能显示在屏幕上。

（2）同时打开多张图片，轮流把每张图片显示出来。

参考操作步骤：

（1）双击程序的图标，打开窗口，双击窗口标题栏，拖曳窗口四边或四角，调整窗口大小，然后拖曳标题栏，移动窗口到适当位置。

（2）单击要切换的窗口的任意位置，或单击任务栏上窗口的图标，即可将此窗口切换成当前操作窗口。

案例三描述：

Windows 7菜单和对话框的操作。

操作要求：

在"写字板"程序中输入以下文字，通过相应菜单和对话框操作完成编辑，使文字最终效果如下：

> 您的成长就是我们的成长，您的成功就是我们的成功！

参考操作步骤：

（1）单击"开始"按钮，在"开始"菜单中选择"所有程序"|"附件"|"写字板"选项，打开"写字板"程序。

（2）输入文字后，使用"主页"选项卡的"字体"选项组中的工具设置文字加粗、为文字添加下画线、设置文字字体为楷体、设置文字字号为16磅，如图1-32所示。

（3）观察效果，并保存文件。

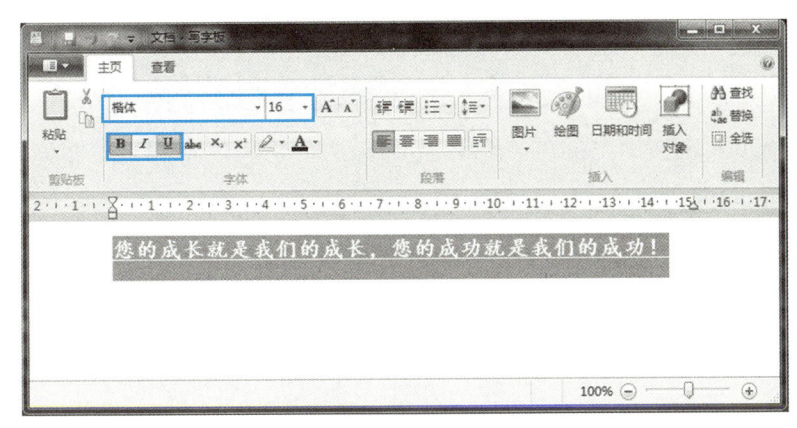

图 1-32　输入文字

案例四描述：

输入字符。

操作要求：

打开记事本，输入一段文字"！A"。

参考操作步骤：

（1）单击"开始"按钮，在"开始"菜单中选择"所有程序"|"附件"|"记事本"选项，打开"记事本"程序。

（2）按住"Shift"键，同时按 ![] 键，完成"！"的输入。

（3）按住"Shift"键，同时按 ![] 键，输入大写字母"A"。

1.4.7　学习评价

评价项目	指标体系	评价			
		不合格	合格	良好	优秀
知识理解	了解操作系统的功能、类型与特点				
	了解 Windows 7 操作系统的基本操作方法				
	了解系统自带的常用程序的功能及使用方法				
动手能力	会使用 Windows 7 操作系统				
	会使用 Windows 7 操作系统自带的常用程序				
	会使用输入法输入字符和汉字				
素养与课程思政	践行社会主义发展观				
	学习信息技术				
	建设科学高效的信息社会				

实训任务 1.5　管理信息资源

1.5.1　实训目标

1. 知识目标
- 认识文件与文件夹；
- 掌握管理文件或文件夹的方法。

2. 技能目标
- 会选中文件和文件夹；
- 会移动和复制文件或文件夹；
- 会删除和恢复文件或文件夹；
- 会重命名文件或文件夹。

3. 素养与课程思政目标
- 增强信息观念；
- 学习信息技术；
- 建设科学高效的信息社会。

1.5.2　实训内容

管理信息资源思维导图如图1-33所示。

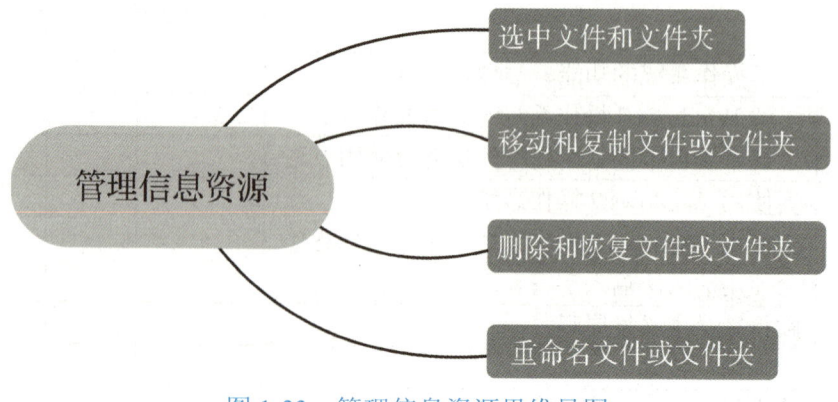

图1-33　管理信息资源思维导图

1.5.3 实训环境

1. 安装好Windows 7操作系统的计算机。
2. 素材资源。

1.5.4 实训指导

1. 双击任意一个文件夹图标，打开文件夹窗口，查看其中的文件和文件夹，如图1-34所示。

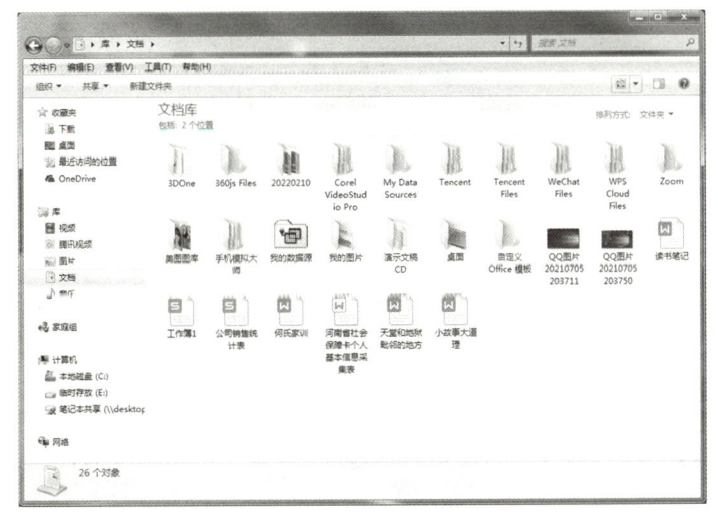

图1-34　文件夹窗口

2. 单击任意一个文件或文件夹，即可选中该文件或文件夹，如图1-35所示。

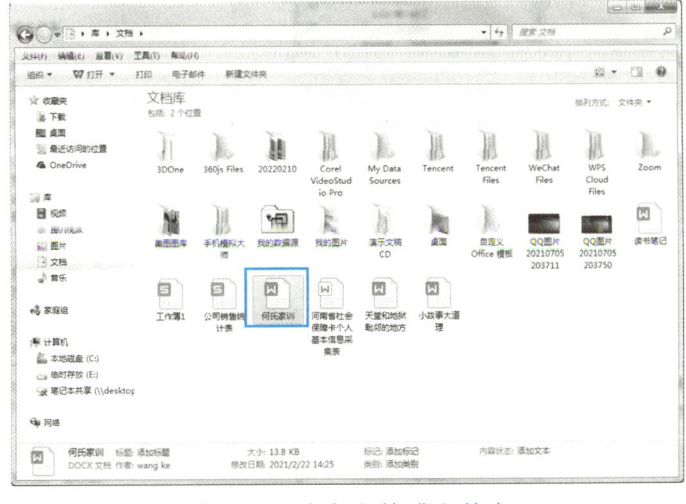

图1-35　选中文件或文件夹

3. 在空白处按下鼠标左键并拖曳，可以选中多个连续的文件或文件夹，如图1-36所示。还可以选中第一个对象，然后按住"Shift"键，同时选中最后一个对象，即可选中多个连续的文件或文件夹。

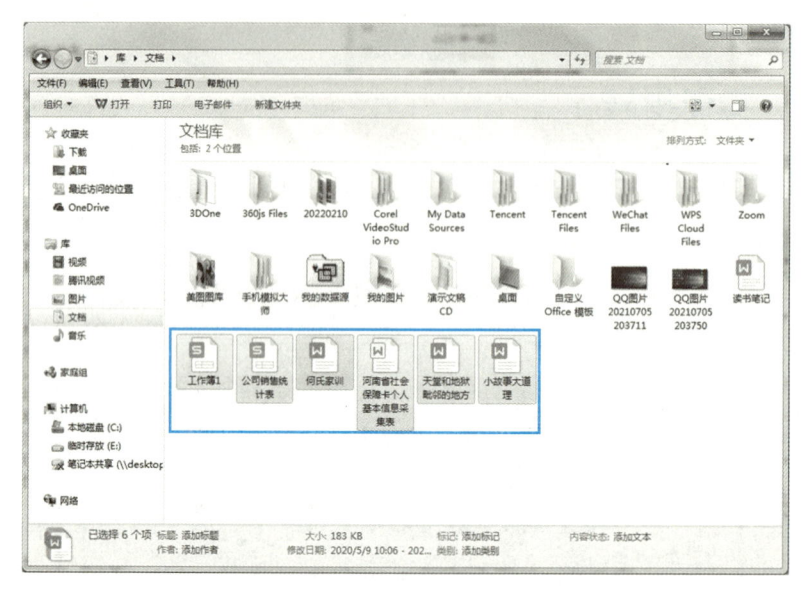

图 1-36　选中多个连续的文件或文件夹

4. 选中任意一个对象，然后按住"Ctrl"键，同时选中其他任意一个或多个对象，即可选中多个不连续的文件或文件夹，如图1-37所示。

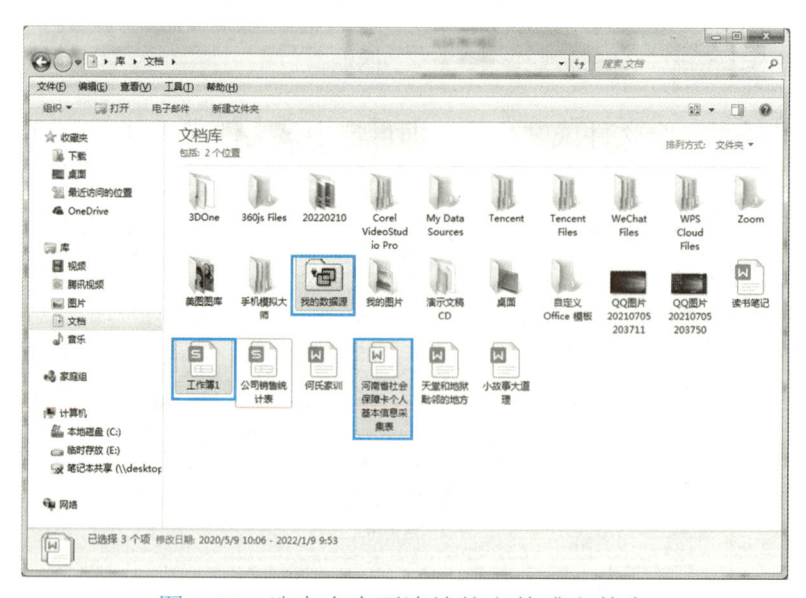

图 1-37　选中多个不连续的文件或文件夹

5. 选择"编辑"｜"全选"选项，选中全部文件，如图1-38所示。

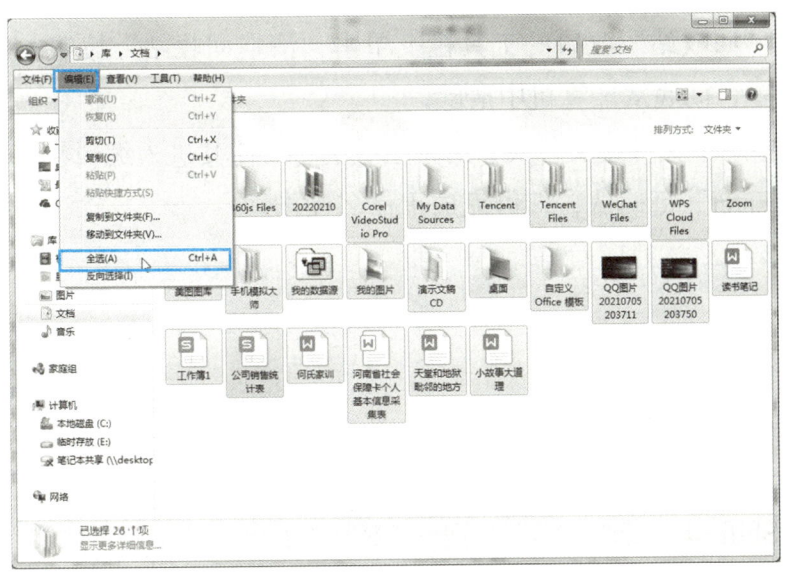

图 1-38　选择全部文件和文件夹

6. 选中一个文件或文件夹，按下"Ctrl+X"组合键，再打开目标盘或目标文件夹，按下"Ctrl+V"组合键，即可移动文件或文件夹。

7. 选中一个文件或文件夹，按下"Ctrl+C"组合键，再打开目标盘或目标文件夹，按下"Ctrl+V"组合键，即可复制文件或文件夹。

8. 选中一个文件或文件夹，按"Delete"键即可将其删除。

9. 打开桌面上的"回收站"窗口，选中刚才删除的文件或文件夹，单击"还原此项目"按钮，恢复被删除的项目，如图1-39所示。

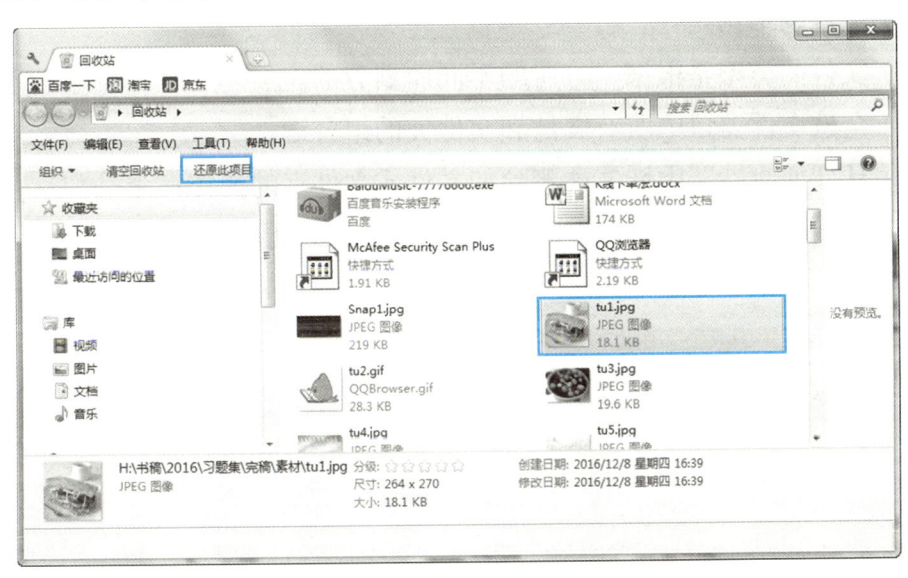

图 1-39　恢复被删除的项目

10. 在"回收站"窗口的工具栏上单击"清空回收站"按钮，即可将"回收站"中的项目彻底从计算机中清除。

11. 选中一个文件或文件夹，再单击其名称，使其进入编辑状态，输入新的名称，按"Enter"键确认，即可完成重命名操作。

1.5.5 基础练习

1. 选择题

（1）选中多个不连续的文件或文件夹的方法是按住（　　）键，同时选中每一个对象。

  A．Shift   B．Ctrl

  C．Shift+A   D．Ctrl+A

（2）复制文件的组合键是（　　）。

  A．Ctrl+A   B．Ctrl+X

  C．Ctrl+C   D．Ctrl+V

（3）将文件从计算机中彻底删除的操作是（　　）。

  A．按"Delete"键   B．按"Enter"键

  C．将文件放到"回收站"中 D．单击"清空回收站"按钮

2. 填空题

（1）文件的结构是<主文件名>.<＿＿＿＿＿>。

（2）文件的类型是根据＿＿＿＿＿的不同而划分的。

（3）全选文件窗口中所有文件和文件夹的组合键是＿＿＿＿＿。

（4）从"回收站"中恢复被删除的文件或文件夹的操作命令是＿＿＿＿＿。

（5）在重命名文件或文件夹时，应＿＿＿＿＿选中的文件或文件夹名称，使其进入编辑状态。

3. 简答题

（1）简述选中文件和文件夹的几种方法。

（2）如何恢复被误删的文件？

1.5.6　举一反三

案例一描述：

新建文件和文件夹。

操作要求：

（1）在桌面上新建一个名为"Music"的文件夹。

（2）在"Music"文件夹中建立3个文本文件，分别将其命名为"歌曲名单""歌词""歌手资料"。

参考操作步骤：

（1）用鼠标右键单击桌面空白处，在弹出的快捷菜单中选择"新建"｜"文件夹"选项，并将新建的文件夹命名为"Music"。

（2）双击打开"Music"文件夹，在"Music"文件夹中新建"歌曲名单""歌词""歌手资料"文件夹。

案例二描述：

复制文件。

操作要求：

把桌面上新建的"Music"文件夹中的"歌词""歌手资料"文件夹复制到

D盘。

参考操作步骤：

（1）选中"歌词""歌手资料"文件夹。

（2）用鼠标右键单击选中的文件夹，在弹出的快捷菜单中选择"复制"选项。

（3）打开D盘，用鼠标右键单击空白处，在弹出的快捷菜单中选择"粘贴"选项。

案例三描述：

重命名文件夹。

操作要求：

将桌面的"Music"文件夹更名为"音乐"。

参考操作步骤：

（1）用鼠标右键单击"Music"文件夹，在弹出的快捷菜单中选择"重命名"选项。

（2）输入新的名称"音乐"，单击空白处或按"Enter"键确认。

案例四描述：

删除和恢复文件夹。

操作要求：

（1）删除"音乐"文件夹。

（2）恢复删除的"音乐"文件夹。

（3）注意观察删除提示，查看删除后的文件将存放在哪里。

参考操作步骤：

（1）用鼠标右键单击"音乐"文件夹，在弹出的快捷菜单中选择"删除"选项。

（2）打开"回收站"，用鼠标右键单击"音乐"文件夹，在弹出的快捷菜单中选择"还原"选项。

案例五描述：

创建桌面快捷方式。

操作要求：

对D盘"歌曲名单"文件夹创建快捷方式到桌面。

参考操作步骤：

打开D盘，用鼠标右键单击"歌曲名单"文件夹，在弹出的快捷菜单中选择"发送到"｜"桌面快捷方式"选项。

1.5.7 学习评价

评价项目	指标体系	评　　价			
		不合格	合格	良好	优秀
知识理解	认识文件与文件夹				
	掌握管理文件和文件夹的方法				
动手能力	会选中文件和文件夹				
	会移动和复制文件与文件夹				
	会删除和恢复文件或文件夹				
	会重命名文件或文件夹				
素养与课程思政	增强信息观念				
	学习信息技术				
	建设科学高效的信息社会				

实训任务1.6　维 护 系 统

1.6.1 实训目标

1. **知识目标**
- 认识控制面板；
- 掌握系统设置与维护的方法。

2. **技能目标**
- 会设置个性化桌面；
- 会卸载软件；
- 会设置输入法；
- 会处理简单的计算机故障。

3. 素养与课程思政目标

- 强化信息知识；
- 提升技术技能；
- 做新时代的四有新人。

1.6.2　实训内容

维护系统思维导图如图1-40所示。

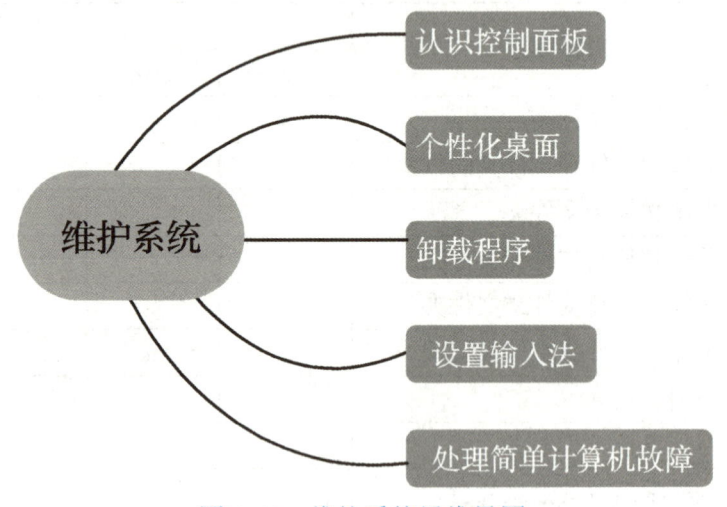

图1-40　维护系统思维导图

1.6.3　实训环境

1. 安装好Windows 7操作系统的计算机。
2. 素材资源。

1.6.4　实训指导

1. 单击"开始"按钮，在弹出的"开始"菜单中选择"控制面板"选项，打开"控制面板"窗口，如图1-41所示。

图 1-41　打开"控制面板"窗口

2. 在"控制面板"窗口中单击不同的项目链接可以完成不同的系统设置，如查看计算机状态、进行网络设置、添加硬件设备、卸载程序、添加和删除用户账户、个性化桌面和主题、设置语言和输入法等。

1.6.5　基础练习

1. 选择题

（1）想要在休息时让计算机自动隐藏工作界面，且以动态的画面显示屏幕，以保护屏幕不受损坏，可以设置（　　）。

  A．个性化主题桌面　　　　　B．动态屏幕背景
  C．屏幕保护程序　　　　　　D．显示器颜色和分辨率

（2）将桌面上的程序图标拖曳到回收站中可以（　　）。

  A．删除程序　　　　　　　　B．删除图标
  C．同时删除程序和图标　　　D．隐藏图标

（3）想让输入法图标悬浮在桌面上，应在（　　）对话框中进行设置。

  A．区域和语言　　　　　　　B．键盘和语言
  C．文字服务和输入语言　　　D．输入法语言

2. 填空题

（1）在_____窗口中可以调整计算机的设置。

（2）在_____窗口中可以更改桌面主题。

（3）在"控制面板"中单击"卸载程序"链接会打开_____窗口。

（4）有时计算机出现某种故障或其他意外的原因，会造成程序进入"不响应"状态，俗称_____。

（5）在_____对话框中可以强行中止不响应的程序。

3. 简答题

（1）怎样打开"控制面板"？

（2）简述设置个性化桌面的方法。

1.6.6　举一反三

案例一描述：

个性化桌面。

操作要求：

（1）个性化桌面主题。

（2）更换桌面背景。

（3）设置屏幕保护程序。

（4）设置桌面、消息框、活动窗口和非活动窗口等的色彩方案。

（5）设置显示器的颜色和分辨率。

参考操作步骤：

（1）打开"控制面板"，单击"外观和个性化"链接，进入"个性化"窗口，如图1-42所示。

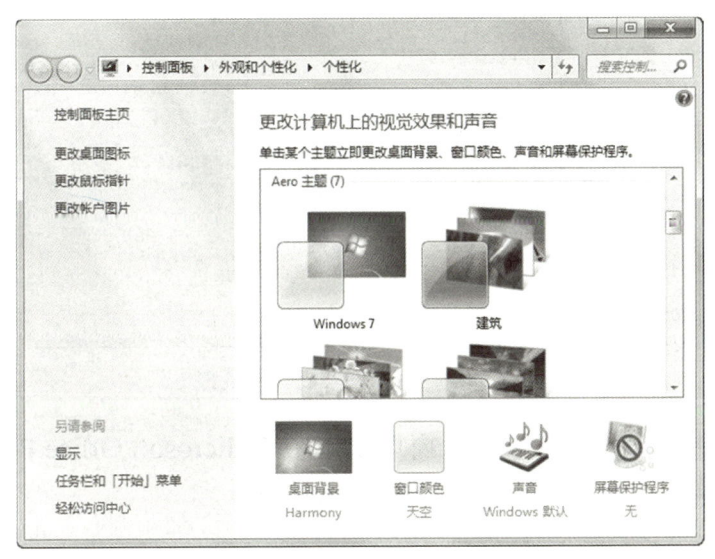

图1-42 "个性化"窗口

（2）在"Aero主题"组中，完成个性主题桌面的设置。

（3）单击"桌面背景"链接，完成更换桌面背景的设置。

（4）单击"屏幕保护程序"链接，可设置屏幕保护程序自动启动，以动态的画面显示屏幕，以保护屏幕不受损坏。

（5）单击"窗口颜色"链接，完成桌面、消息框、活动窗口和非活动窗口等的颜色、大小、字体等的设置。

（6）单击左侧的"显示"链接，可对显示器的颜色和分辨率进行设置。

案例二描述：

卸载应用程序。

操作要求：

把最近不常用的Office 2010软件删除。

参考操作步骤：

（1）打开"控制面板"，单击"卸载程序"链接，如图1-43所示。

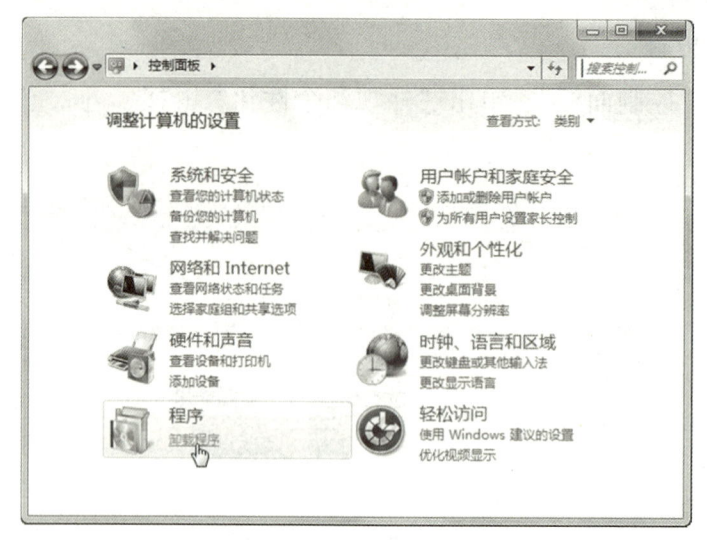

图 1-43 "卸载程序"链接

（2）在打开的"程序和功能"窗口中选中"Microsoft Office Professional Plus 2010"，然后单击"卸载"按钮，如图1-44所示。

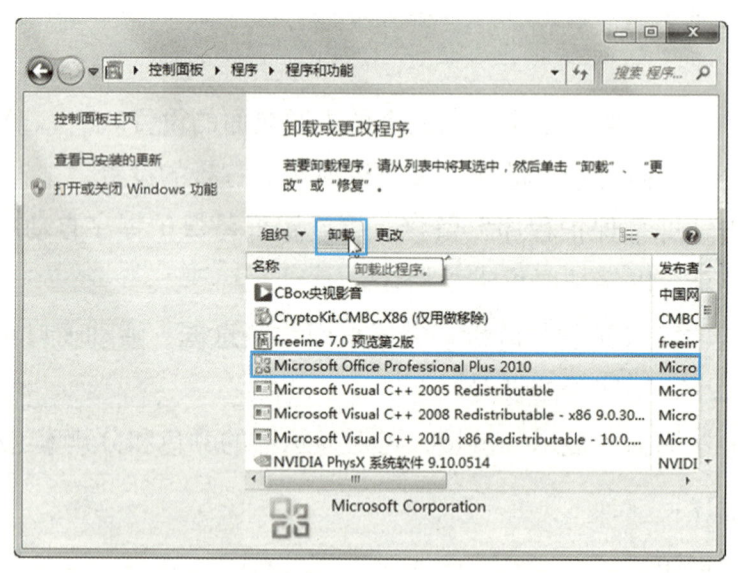

图 1-44 卸载程序

（3）等待卸载完成。

案例三描述：

显示输入法图标。

参考操作步骤：

（1）打开"控制面板"，单击"更改键盘或其他输入法"链接，如图1-45所示。

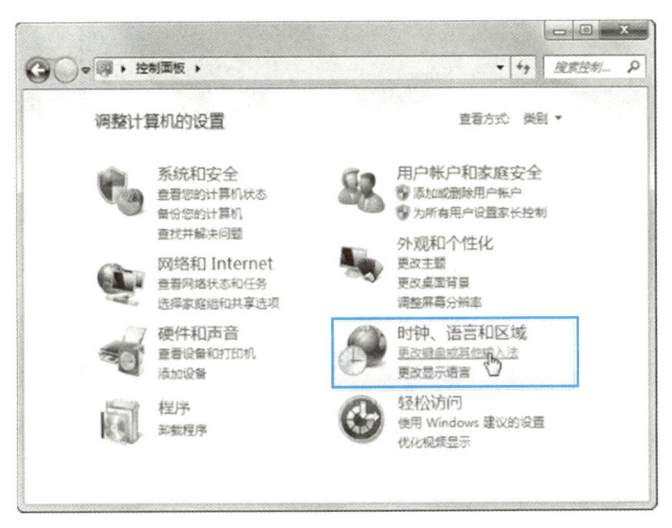

图 1-45　"更改键盘或其他输入法"链接

（2）在弹出的"区域和语言"对话框中转到"键盘和语言"选项卡，单击"更改键盘"按钮，如图1-46所示。

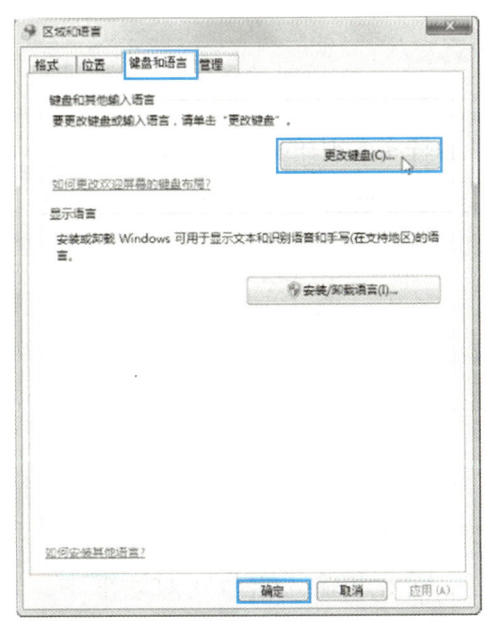

图 1-46　"区域和语言"对话框

（3）在弹出的"文字服务和输入语言"对话框中，转到"语言栏"选项卡，选中"悬浮于桌面上"或"停靠于任务栏"单选按钮，然后单击"确定"按钮，如图1-47所示。

第 1 章 信息技术应用基础

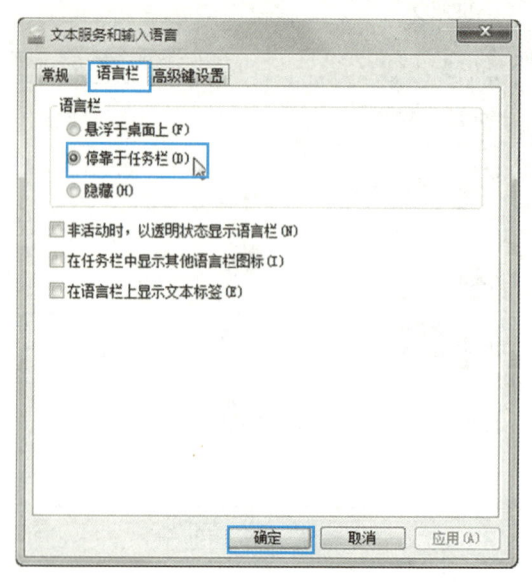

图 1-47 "文本服务和输入语言"对话框

案例四描述：

添加中文输入法。

参考操作步骤：

（1）用鼠标右键单击任务栏中的"输入法"图标，在弹出的快捷菜单中选择"设置"选项，如图1-48所示。

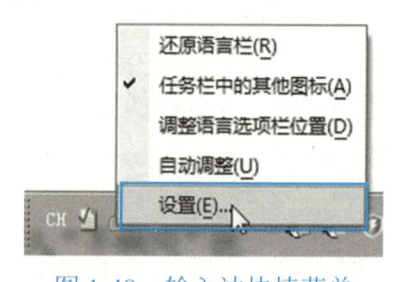

图 1-48 输入法快捷菜单

（2）在弹出的"文本服务和输入语言"对话框中，单击"添加"按钮，在弹出的"添加输入语言"对话框中选择需要添加的输入法，然后单击"确定"按钮，如图1-49所示。

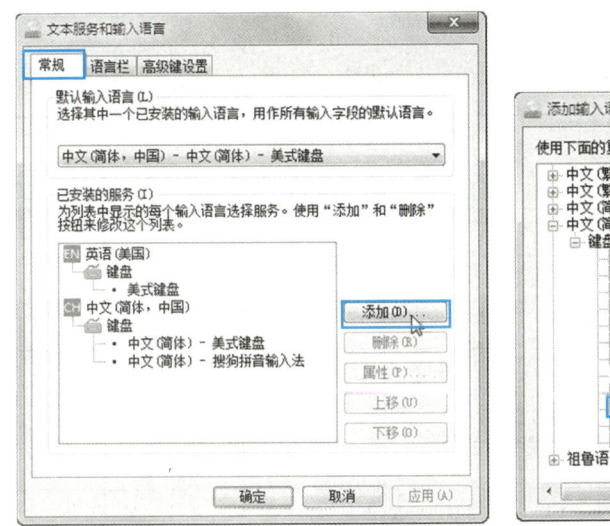

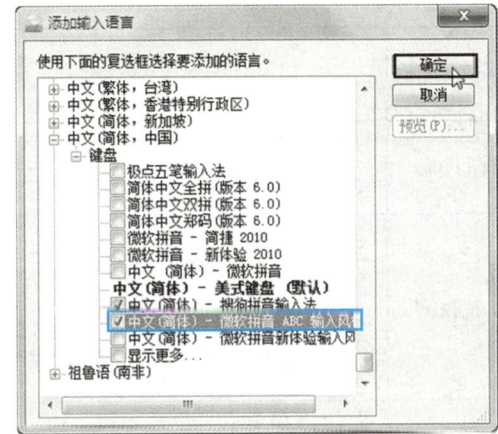

图1-49 添加输入法

案例五描述：

强行终止"不响应"程序。

操作要求：

有时计算机出现某种故障，会造成程序进入"不响应"状态，这时可通过结束任务来强行关闭程序。

参考操作步骤：

用鼠标右键单击任务栏，在弹出的快捷菜单中选择"任务管理器"选项，打开"Windows任务管理器"窗口，转到"应用程序"选项卡，选中该程序后单击"结束任务"按钮，如图1-50所示。

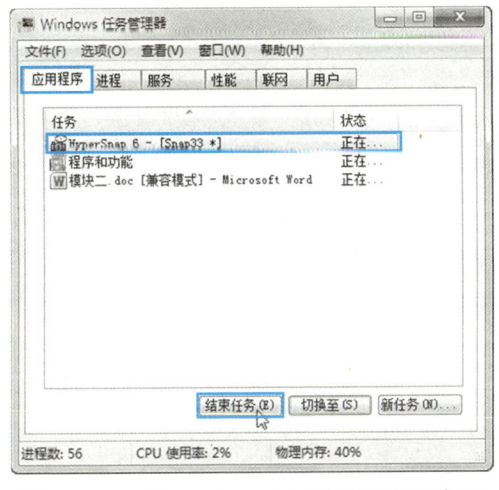

图1-50 "Windows任务管理器"窗口

1.6.7 学习评价

评价项目	指标体系	评价			
		不合格	合格	良好	优秀
知识理解	认识控制面板				
	掌握系统的设置与维护方法				
动手能力	会设置个性化桌面				
	会卸载软件				
	会设置输入法				
	会处理简单的计算机故障				
素养与课程思政	强化信息知识				
	提升技术技能				
	做新时代的四有新人				

第 2 章 网 络 应 用

实训任务 2.1 认 识 网 络

2.1.1 实训目标

1. 知识目标
- 了解计算机网络的概念与类型；
- 认识Internet。

2. 技能目标
- 了解计算机网络的类型和原理；
- 了解Internet的概念及其提供的服务。

3. 素养与课程思政目标
- 秉承科学发展观；
- 坚持攻坚克难、开拓进取的精神；
- 做好新时代接班人。

2.1.2 实训内容

认识网络思维导图如图2-1所示。

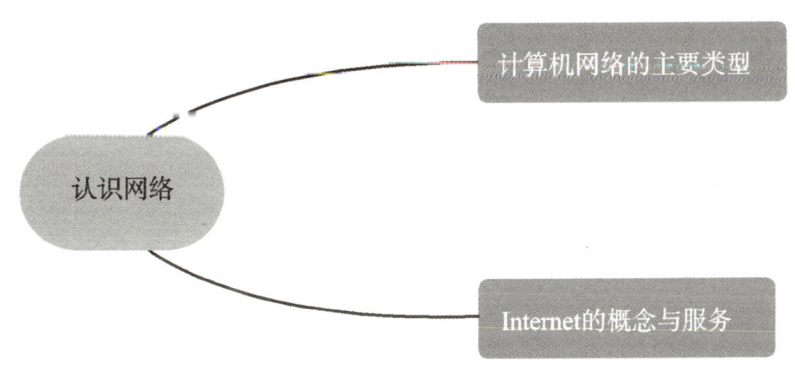

图 2-1 认识网络思维导图

2.1.3　实训环境

安装好Windows 7操作系统、可以连接网络的计算机。

2.1.4　实训指导

1. 计算机网络是指将计算机通过通信线路相互连接起来，在相应的通信协议和网络系统软件的支持下，实现相互通信和交换信息，其主要目的是共享信息和资源。

2. 局域网（LAN）是指在短距离内的一个单位或部门，将计算机互相连接起来构成的计算机网络，由计算机、网卡、双绞线、集线器（或交换机）、路由器、水晶头和交换机等组成。局域网及其组件如图2-2所示。

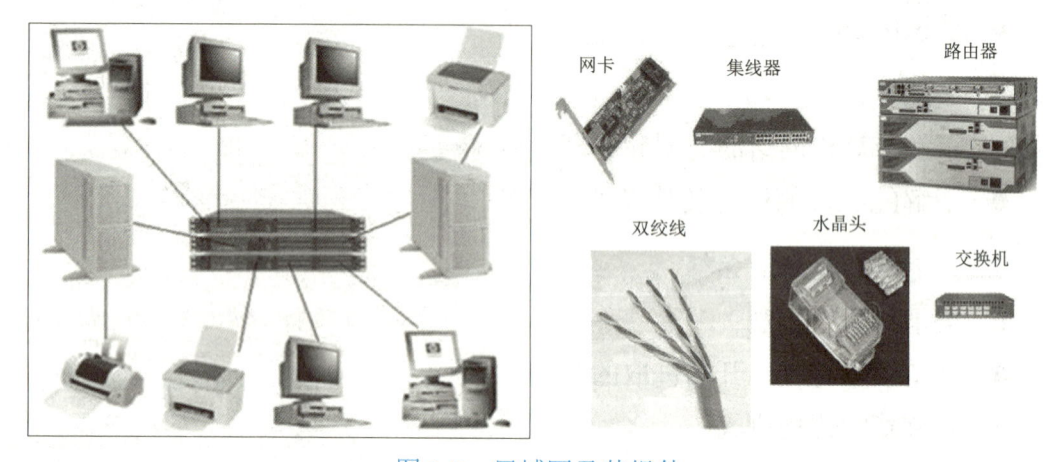

图 2-2　局域网及其组件

3. 常见局域网的拓扑结构有星形拓扑结构、环形拓扑结构和总线型拓扑结构，如图2-3所示。

星形拓扑结构　　　　环形拓扑结构　　　　总线型拓扑结构

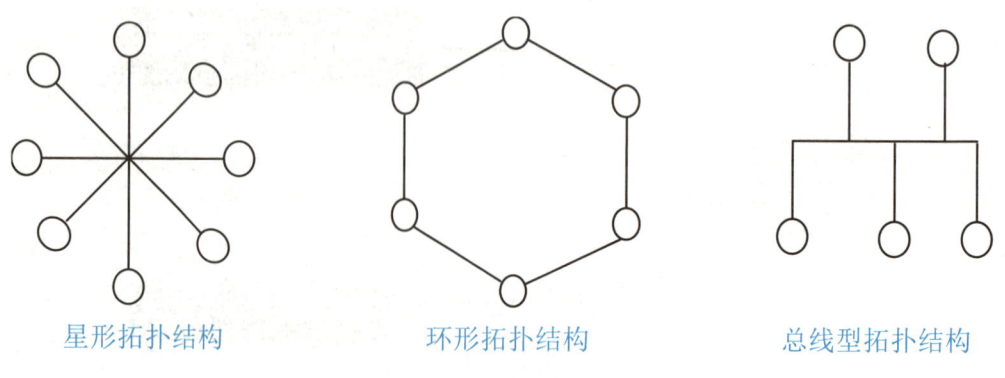

图 2-3　常见局域网的拓扑结构

4. 广域网（WAN）是指将远距离的计算机连接起来的跨城市、跨地区的网络。

5. 无数局域网和广域网连接起来构成了互联网，目前互联网是世界上最大的计算机网络。互联网的构成如图2-4所示。

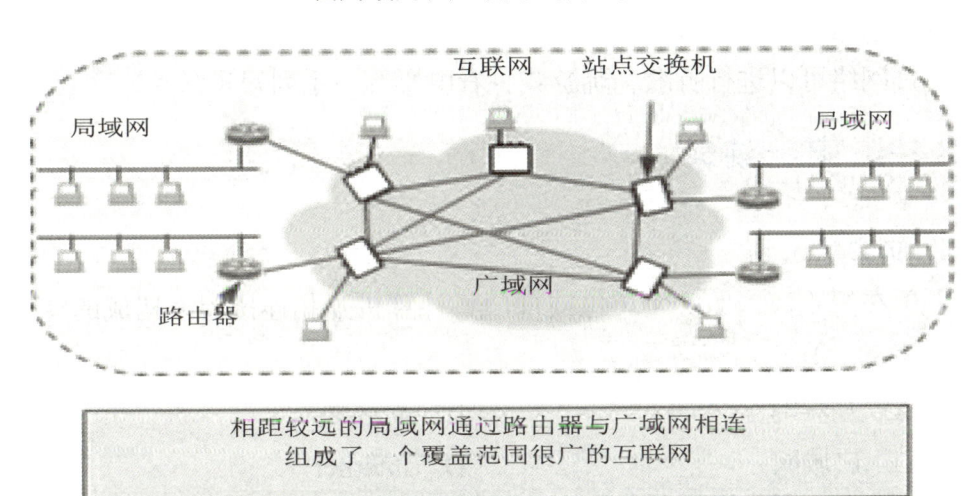

由局域网和广域网组成互联网

图 2-4　互联网的构成

6. Internet是一个覆盖全世界的最大的计算机网络系统，被称为国际互联网（因特网），它是一个由成千上万台计算机、网络和无数用户组成的大型联合体，主要提供以下服务。

（1）信息查询与发布。

WWW是英文"Word Wide Web"的缩写，中文名为"万维网"，简称"3W"。它是目前Internet上最主要的信息服务类型，为用户提供Internet的信息查询和浏览服务。

（2）信息交流。

● E-mail：收发电子邮件是Internet上的一项重要任务，它比普通邮件价格更便宜，速度更快。

● BBS：用于发布公告、新闻、文章供广大用户阅读。

● Blog：网络版的日记。

● Usenet：提供了一个用户在线讨论平台。

● 电子商务：在网上进行商务活动，比如网上广告、订货、付款等。

（3）资源共享。

- 文件传输（FTP）：在计算机之间传送文件，可以将远程计算机上的软件或资料下载到本地计算机上。
- 远程登录（Telnet）：通过远程登录，可以使用户在本地计算机上操作远在国外的主机，以便查询资料、传送数据。

（4）娱乐。

通过网络可以进行听歌、玩游戏、看电影等一系列娱乐活动。

2.1.5 基础练习

1. 选择题

（1）在短距离内的一个单位或部门将计算机互相连接起来构成的计算机网络称为（　　）。

　　A．互联网　　　　　　　　B．局域网
　　C．广域网　　　　　　　　D．Internet

（2）广域网的英文缩写为（　　）。

　　A．WWW　　　　　　　　B．LAN
　　C．WAN　　　　　　　　D．Internet

（3）相距较远的局域网通过（　　）与广域网相连，组成了一个覆盖范围很广的互联网。

　　A．网卡　　　　　　　　　B．双绞线
　　C．交换机　　　　　　　　D．路由器

（4）网民可以在（　　）上撰写网络日记。

　　A．E-mail　　　　　　　　B．BBS
　　C．Blog　　　　　　　　　D．Usenet

（5）类似传统信件业务的网上信息交流工具是（　　）。

　　A．E-mail　　　　　　　　B．BBS
　　C．博客　　　　　　　　　D．文件传输

2. 填空题

（1）计算机网络通过_____将计算机相互连接起来，在相应的通信协议和网络系统软件的支持下，相互通信和交换信息。

（2）常见局域网的_____有星形、环形和总线型等。

（3）Internet又称为_____，是一个由成千上万台计算机、网络和无数用户组成的大型联合体。

（4）_____是目前Internet上最主要的信息服务类型，为用户提供Internet的信息查询和浏览服务。

（5）目前世界上最大的互联网是_____。

（6）通过_____，可以使用户在本地计算机上操作远在国外的主机，以便查询资料、传送数据。

3. 简答题

（1）Internet是什么？

（2）简述Internet提供的服务。

2.1.6 学习评价

评价项目	指标体系	评价			
		不合格	合格	良好	优秀
知识理解	了解计算机网络的概念与类型				
	认识 Internet				
动手能力	了解计算机网络的类型和原理				
	了解 Internet 的概念及其提供的服务				
素养与课程思政	秉承科学发展观				
	坚持攻坚克难、开拓进取的精神				
	做好新时代接班人				

实训任务 2.2 配 置 网 络

2.2.1 实训目标

1. 知识目标

- 了解计算机入网方式；
- 了解TCP/IP协议。

2. 技能目标

- 清楚个人计算机或局域网连接Internet的方式；
- 了解TCP/IP协议的概念与功能；
- 掌握IP地址、域名、网址的概念，以及访问站点的格式。

3. 素养与课程思政目标

- 学习网络技术；
- 提升信息获取能力；
- 开拓国际化视野。

2.2.2 实训内容

配置网络思维导图如图2-5所示。

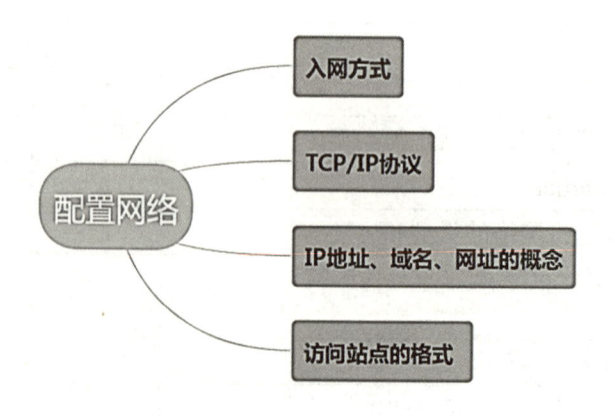

图 2-5 配置网络思维导图

2.2.3 实训环境

1. 安装好Windows 7操作系统的计算机。
2. 网络设备。

2.2.4 实训指导

1. 任何上网用户只需在本地计算机上安装相应的网络协议，并购买相应的网络设备就可以轻松地接入Internet。

2. 个人用户可以通过电话拨号上网，即通过电话线将用户的计算机与互联网服务提供商（ISP）的主机连接起来。电话拨号上网示意图如图2-6所示。

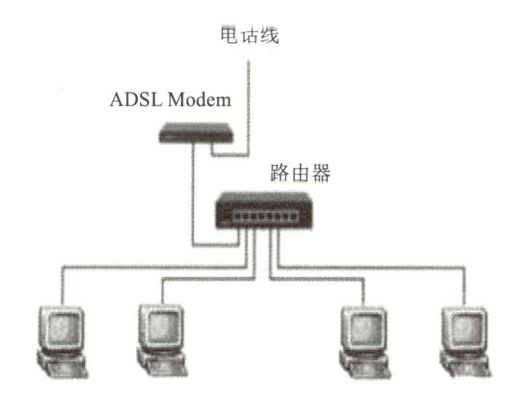

图 2-6　电话拨号上网示意图

3. 局域网可以使用专线上网，即单位以自己的局域网通过向电信部门或ISP租用一条专线连接上网。专线上网示意图如图2-7所示。

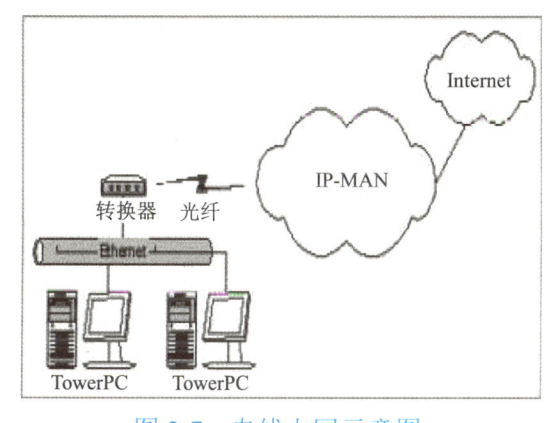

图 2-7　专线上网示意图

4. TCP/IP协议是一种通信的语言，即通信协议。TCP/IP协议是Internet的基础和核心，Internet只有依靠TCP/IP协议才能实现各种网络的互联。

5. IP地址是一种网际协议，每个Internet上的计算机都有自己的IP地址。IP地址由32位二进制数组成，当用户要与某台计算机连接时，只要拨这个号码就可以找到并连接该计算机。IP地址分为四部分，每部分是一个不超过三位的十进制数，中间由"."分隔，如：192.168.128.1。

6. 域名是以字母形式表示IP地址的方式，通常由用户计算机域名、机构或地区域名、网络域名、国家或地区域名组成。

常见的域名如表2-1所示。

表 2-1　常见的域名

域　　名	组织机构	域　　名	地理位置
com	商业机构	cn	中国
edu	教育科研机构	fr	法国
gov	政府机构	ca	加拿大
mil	军事组织	au	澳大利亚
net	网络机构	jp	日本
org	民间组织	uk	英国
		ge	德国

7. 网址（URL）是统一资源定位器，用来描述网页的地址。

8. 所有网页都有一个URL，URL是指网页所在的主机名称及存放的路径。访问站点的格式如下：

> 访问协议：//〈主机.域〉[:端口号]/路径/文件名

（1）访问协议：指获取信息的通信协议。HTTP代表超文本传输协议，表示要访问WWW服务器的资源。

（2）主机.域：表示服务器名。

（3）端口号：可选项，表示通信端口，通常不需要给出。

（4）路径/文件名：为要查找主机上的网页所通过的目录路径和网页的文件名，通常不需要给出。

2.2.5 基础练习

1. 选择题

（1）TCP/IP协议是一种（　　　）。
    A. 网际协议　　　　　　　　B. 通信协议
    C. 服务协议　　　　　　　　D. 访问协议

（2）在https://www.******.gov这个网址中，gov表示（　　　）。
    A. 商业机构　　　　　　　　B. 科研机构
    C. 网络机构　　　　　　　　D. 政府机构

（3）中国的域名是（　　　）。
    A. cn　　　　　　　　　　　B. com
    C. cctv　　　　　　　　　　D. china

（4）每个Internet上的计算机都有自己的（　　　）。
    A. IP 地址　　　　　　　　　B. 域名
    C. 网址　　　　　　　　　　D. URL

2. 填空题

（1）ISP是指_____。

（2）Internet必须依靠_____才能实现各种网络的互联。

（3）在http://www.******.com这个网址中，http代表_____。

（4）网址又称_____，是指统一资源定位器，用来描述网页的地址。

（5）当用户要与某台计算机连接时，只要拨打该计算机的_____就可以找到并连接该计算机。

3. 简答题

（1）简述TCP/IP协议的概念与作用。

（2）简述域名的组成部分。

2.2.6 举一反三

案例描述：

小型网络系统搭建。

操作要求：

（1）使用多台计算机组成一个小型局域网。

（2）创建一个宽带连接。

参考操作步骤：

（1）把双绞线一端连接到各计算机的网卡接口中，另一端连接到集线器（Hub）或交换机的普通接口上，如图2-8所示。

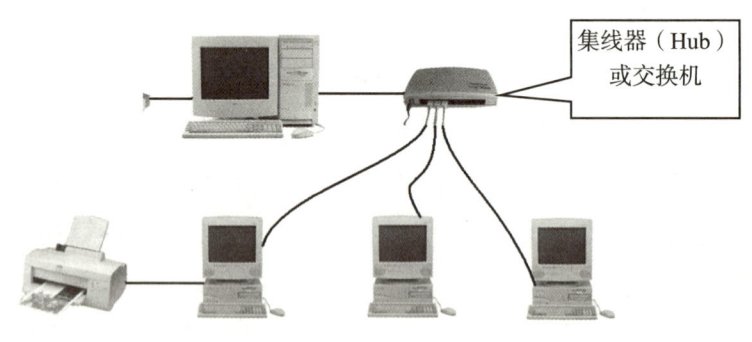

图 2-8　连接计算机网络

（2）将交换机级联接口（Uplink）通过ADSL自带网线连接至ADSL调制解调器。

（3）在Windows 7操作系统中打开"控制面板"，单击"网络和共享中心"链接打开相应窗口，再单击"设置新的连接或网络"链接，打开"设置连接或网络"窗口，选择"连接到Internet"选项，根据向导提示操作即可，如图2-9所示。

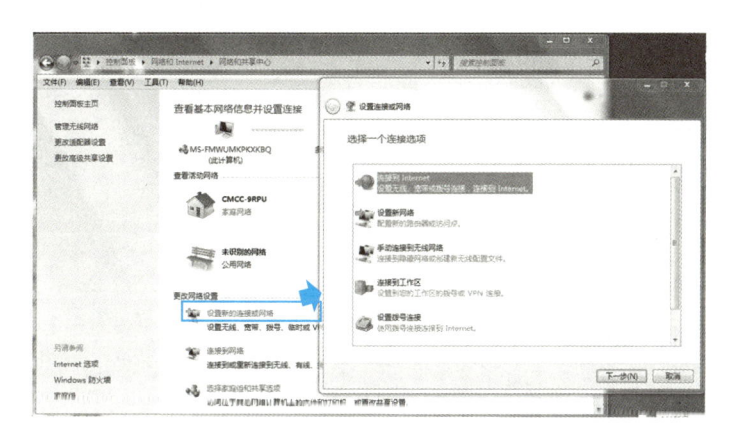

图 2-9　创建宽带连接

2.2.7　学习评价

评价项目	指标体系	评价			
		不合格	合格	良好	优秀
知识理解	了解计算机入网方式				
	了解 TCP/IP 协议				
动手能力	清楚个人计算机或局域网连接 Internet 的方式				
	了解 TCP/IP 协议的概念与功能				
	掌握 IP 地址、域名、网址的概念，以及访问站点的格式				
素养与课程思政	学习网络技术				
	提升信息获取能力				
	开拓国际化视野				

实训任务 2.3　获取网络资源

2.3.1　实训目标

1. 知识目标

- 掌握浏览网上信息的方法；
- 掌握搜索网上资源的方法；
- 掌握保存网页内容的方法；

- 掌握下载网络资源的方法。

2. **技能目标**
- 会上网浏览信息；
- 会搜索网上资源；
- 会保存网页内容；
- 会下载网络资源。

3. **素养与课程思政目标**
- 加强信息获取能力；
- 开拓视野；
- 争做时代先锋。

2.3.2 实训内容

获取网络资源思维导图如图2-10所示。

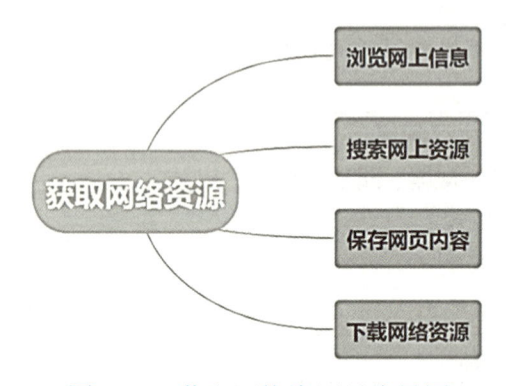

图 2-10　获取网络资源思维导图

2.3.3 实训环境

1. 安装好Windows 7操作系统、IE浏览器的计算机。
2. 连通网络。

2.3.4 实训指导

任务一

1. 双击桌面上的"Internet Explorer"图标，打开IE浏览器，在地址栏中输入要访问的网页的地址，即可打开相应的网页，如图2-11所示。

图 2-11　访问网页

2. 将鼠标指针放在网页中的文字或图片上，当指针显示为🖑时，表示该文字或图片是一个超链接，此时单击鼠标可以进入下一个相关内容网页。

3. 在网页上的搜索框中输入关键词，然后单击搜索按钮，可以启用搜索引擎查找需要的信息。

4. 单击浏览器右上角的工具按钮✱，在弹出的菜单中选择"文件"｜"另存为"选项，在弹出的"保存网页"对话框中输入文件名，单击"保存"按钮，即可保存当前网页，如图2-12所示。

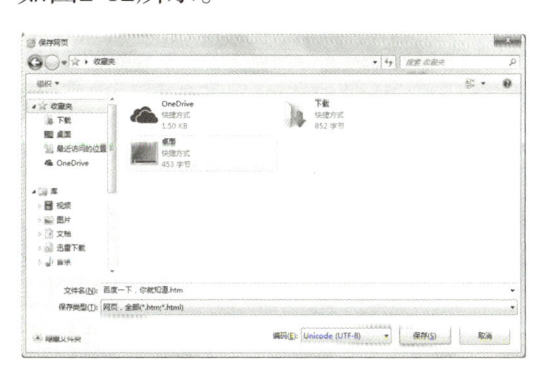

图 2-12　保存网页

5. 在网页中的图片上单击鼠标右键，在弹出的快捷菜单中选择"图片另存为"选项，在弹出的"保存图片"对话框中选择保存类型并输入文件名，单击"保存"按钮，可保存当前图片。

6. 单击浏览器右上角的☆按钮，在弹出的面板中单击"添加到收藏夹"按钮，在弹出的"添加收藏"对话框中单击"添加"按钮，即可收藏当前网址。

任务二

1. 打开IE浏览器，进入360搜索网页，在网页搜索框中输入"360安全卫士"，单击"搜索"按钮，在搜索结果列表中单击360官网链接，如图2-13所示。

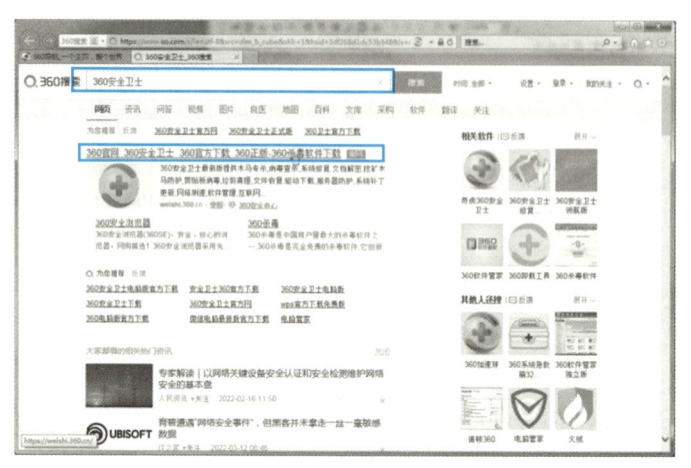

图 2-13 搜索目标

2. 在打开的页面中单击"立即下载"按钮，开始下载360安全卫士，单击提示条上的"查看下载"按钮可查看和跟踪下载项，如图2-14所示。

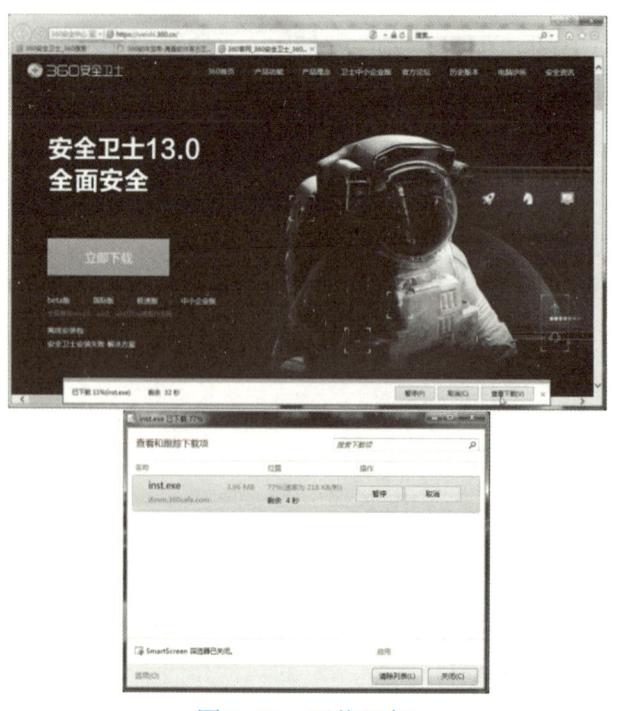

图 2-14 下载目标

2.3.5 基础练习

1. 选择题

（1）为了方便下次能快速访问一个网页，可以将该网页（　　）。
　　A. 保存到本地　　　　　　　B. 放入历史记录中
　　C. 添加到收藏夹　　　　　　D. 设为主页

（2）选择"设置"｜"另存为"选项可以保存（　　）。
　　A. 网页　　　　　　　　　　B. 网址
　　C. 图片　　　　　　　　　　D. 网页中的内容

2. 填空题

（1）专供搜索信息的网站称为_____。

（2）在互联网中搜索信息时输入的文字通常被称为_____。

3. 简答题

（1）如何使用浏览器访问已知的网页地址？

（2）如何保存网页中有用的图片和文字信息？

2.3.6 举一反三

案例一描述：

浏览体育新闻。

操作要求：

（1）进入360搜索网页。

（2）通过分类链接查看体育相关新闻。

参考操作步骤：

（1）启动IE浏览器，进入360搜索网页，单击左侧"体育"｜"体育新闻"超链接，如图2-15所示。

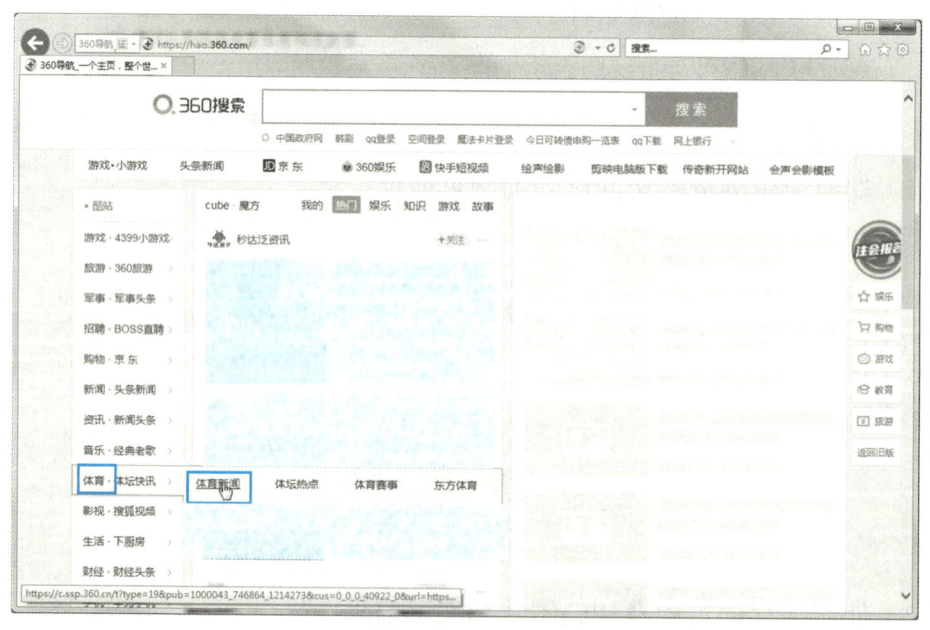

图 2-15 使用搜索网站的分类链接

（2）进入"体育新闻"对应的网站，浏览感兴趣的内容。

案例二描述：

搜索图片。

操作要求：

使用"百度"搜索引擎，搜索"人物"图片。

参考操作步骤：

（1）登录"www.baidu.com"，选择"图片"选项，如图2-16所示。

图 2-16　百度图片

（2）在图片搜索页面的搜索框中输入关键字"英雄人物"，单击"百度一下"按钮，如图2-17所示。

图 2-17　搜索"英雄人物"

（3）在搜索结果页面中查找需要的图片。

案例三描述：

查找含有特定文本的文件。

操作要求：

（1）查找其中含有"党史"二字的文件。

（2）文件类型为DOC。

参考操作步骤：

（1）登录"www.baidu.com"，选择"网页"选项，在搜索框中输入关键词"党史 flietype:doc"。

（2）单击"百度一下"按钮，即可显示相关内容的搜索结果列表。

2.3.7 学习评价

评价项目	指标体系	评价			
		不合格	合格	良好	优秀
知识理解	掌握浏览网上信息的方法				
	掌握搜索网上资源的方法				
	掌握保存网页内容的方法				
	掌握下载网络资源的方法				
动手能力	会上网浏览信息				
	会搜索网上资源				
	会保存网页内容				
	会下载网络资源				
素养与课程思政	加强信息获取能力				
	开拓视野				
	争做时代先锋				

实训任务 2.4　网络交流与信息发布

2.4.1 实训目标

1. 知识目标

- 了解和掌握网络交流的手段与方法；
- 了解和掌握信息发布的手段与方法。

2. 技能目标
- 会与他人即时聊天；
- 会收发电子邮件；
- 会在网上发布信息。

3. 素养与课程思政目标
- 强化信息意识；
- 践行社会主义核心价值观；
- 建立信息安全责任感。

2.4.2 实训内容

网络交流与信息发布思维导图如图2-18所示。

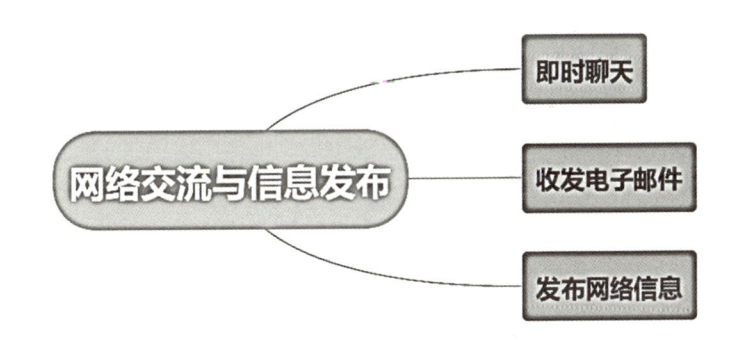

图 2-18 网络交流与信息发布思维导图

2.4.3 实训环境

1. 安装好Windows 7操作系统、IE浏览器、腾讯QQ的计算机。
2. 素材资源。

2.4.4 实训指导

任务一

1. 启动腾讯QQ，在登录界面中单击"注册账号"按钮，如图2-19所示。

图 2-19　腾讯 QQ 登录界面

2. 在打开的网页中根据提示注册QQ，获取自己的专属QQ号码。

3. 在登录界面中输入QQ号码及登录密码，单击"登录"按钮，登录QQ，如图2-20所示。

图 2-20　登录 QQ

4. 在弹出的QQ主面板底部单击"加好友/群"按钮，在弹出"查找"窗口中输入他人的QQ号码，单击"查找"按钮，添加好友，如图2-21所示。

图 2-21　添加 QQ 好友

5．双击好友的头像，在弹出的消息框中输入消息，单击"发送"按钮，即可给好友发送消息，如图2-22所示。

图 2-22　即时聊天

任务二

1．启动IE浏览器，搜索"163邮箱注册"，在搜索结果列表中找到163官网链接，单击其下方的"注册邮箱"链接，如图2-23所示。

— 71 —

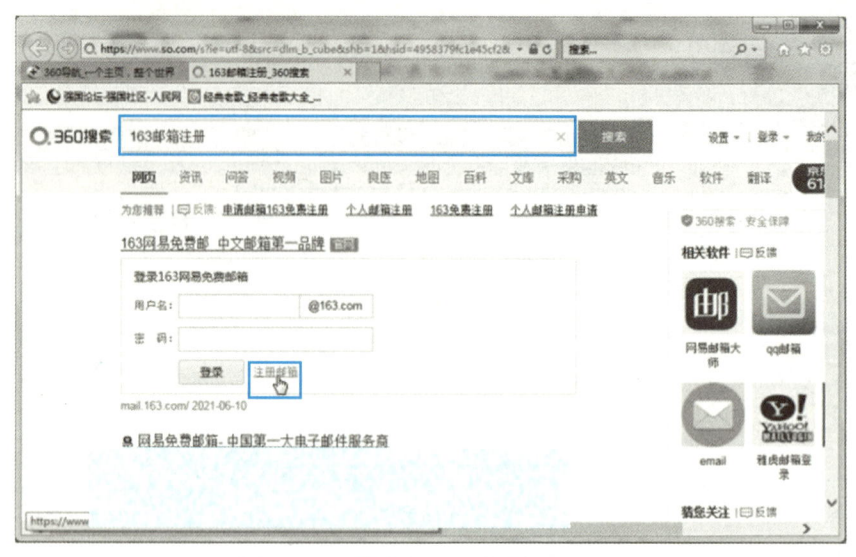

图 2-23　搜索"163 邮箱注册"

2. 在打开的网页中填写个人信息，单击"立即注册"按钮，如图2-24所示。

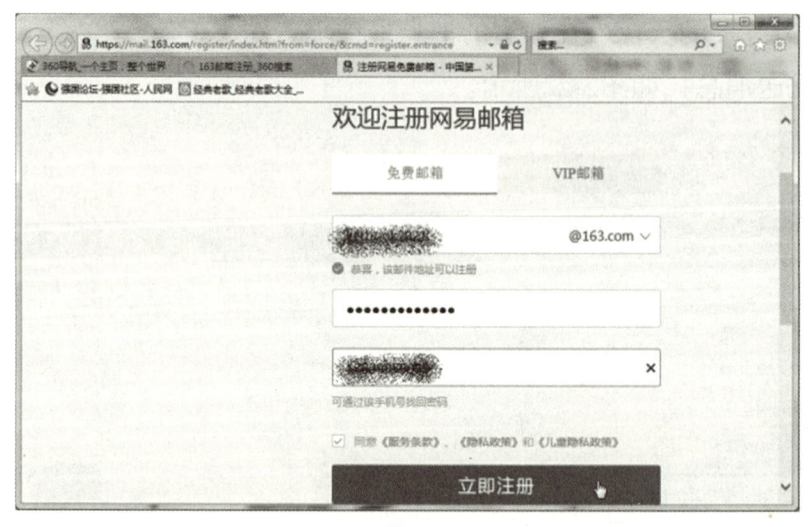

图 2-24　注册网易邮箱

3. 登录163邮箱，在邮箱主界面中单击"写信"按钮进入邮件编辑界面，输入收件人邮箱、邮件主题、邮件内容，单击"添加附件"超链接可发送图片、文档等文件。编辑完成后单击"发送"按钮，即可发送邮件，如图2-25所示。

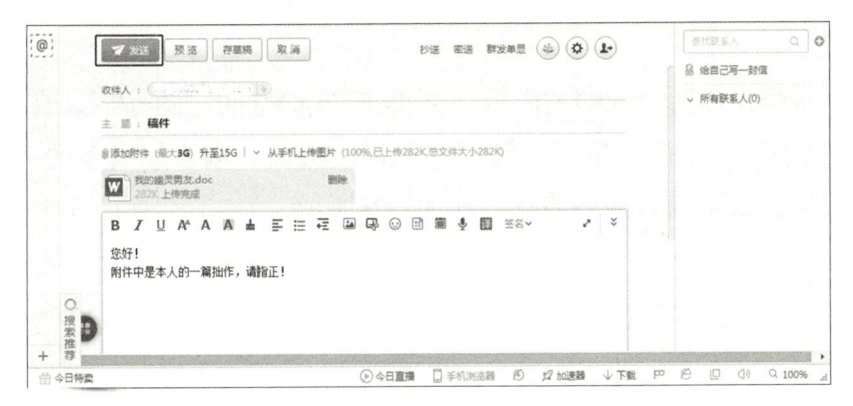

图 2-25　撰写和发送邮件

4. 在邮箱主界面中单击"收信"按钮，可查看收到的邮件，如图2-26所示。

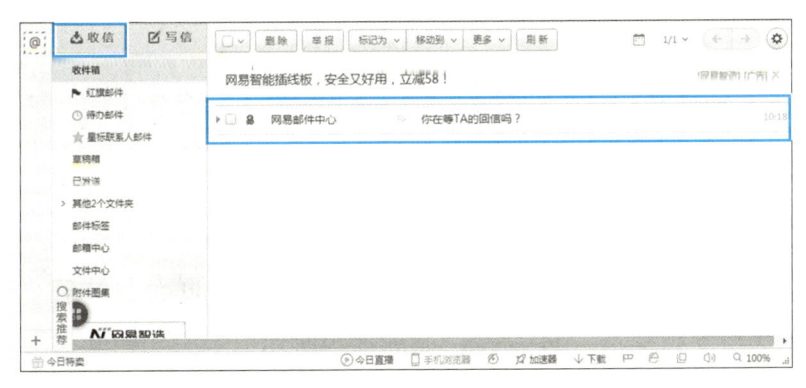

图 2-26　收邮件

5. 在邮件列表中单击邮件主题，即可阅读来信，如图2-27所示。单击邮件内容上方的"回复"、"转发"或"删除"等按钮可回复邮件、转发邮件或删除邮件。在回复邮件时，系统会自动填写收件人的地址，其他操作与撰写、发送邮件相同。

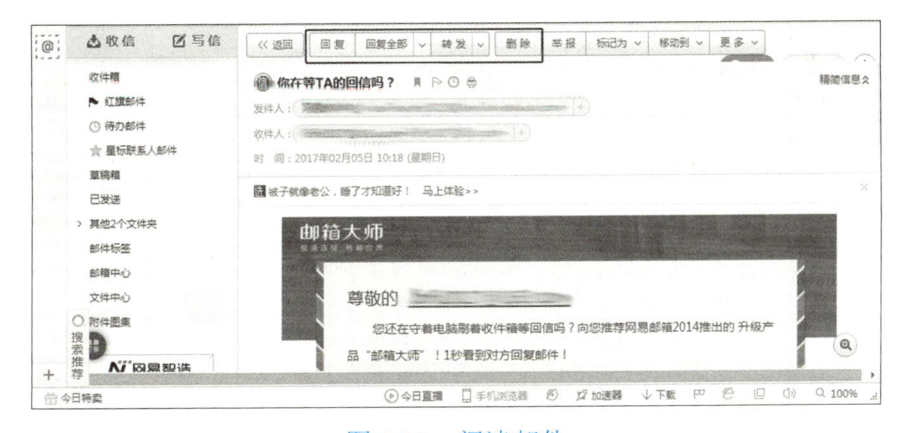

图 2-27　阅读邮件

任务三

1. 登录腾讯QQ，在QQ主面板顶部单击"QQ空间"图标，在QQ空间中单击导航栏中的"说说"按钮，转到"说说"页面，输入想发布的消息，单击"发表"按钮，即可发布网络消息，如图2-28所示。

图2-28　发布网络消息

2. 单击导航栏中的"日志"按钮，转到"日志"页面，单击"写日志"按钮，可以撰写和发布文章、日志等，如图2-29所示。

图2-29　发布网文

2.4.5　基础练习

1. 选择题

（1）电子邮件地址的用户名中不能有（　　）。

　　A. 字母　　　　　　　　B. 数字
　　C. 空格　　　　　　　　D. 字母与数字的组合

（2）（　　）是正确的电子邮件地址格式。

　　A. www.abc123.com　　　B. abc123.qq.com
　　C. abc123@com　　　　　D. abc123@qq.com

（3）单击QQ 面板顶端的 图标可以进入（　　）。

　　A. QQ 说说　　　　　　B. QQ 空间
　　C. QQ 相册　　　　　　D. QQ 邮箱

2. 填空题

（1）电子邮件的英文简称是_____。

（2）电子邮箱是用户所登录的邮件服务器上的一块_____。

（3）@是电子邮件地址中的专用符号，表示_____的意思。

3. 简答题

（1）网络交流的主要手段有哪些？

（2）QQ空间是什么？怎样有效利用它？

2.4.6 举一反三

案例一描述：

在QQ空间上传相片。

参考操作步骤：

（1）登录QQ，打开QQ空间，单击"相册"按钮进入QQ相册，单击"上传照片"按钮（在上传照片之前，可以先创建相册），如图2-30所示。

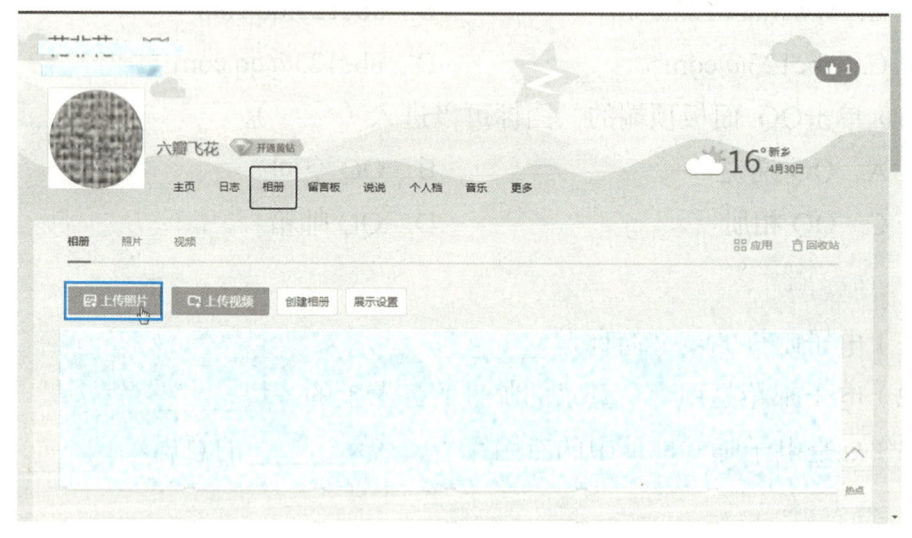

图2-30 打开QQ相册

（2）弹出"上传照片-普通上传(H5)"对话框，在"上传到"下拉列表中选择上传到哪个相册，然后单击"选择照片和视频"按钮，如图2-31所示。

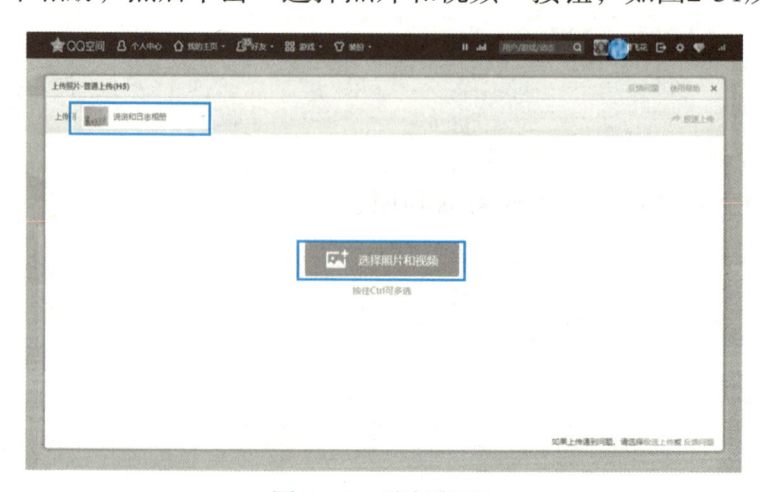

图2-31 选择相册

（3）在弹出的"打开"对话框中选择照片，单击"打开"按钮，如图2-32所示。

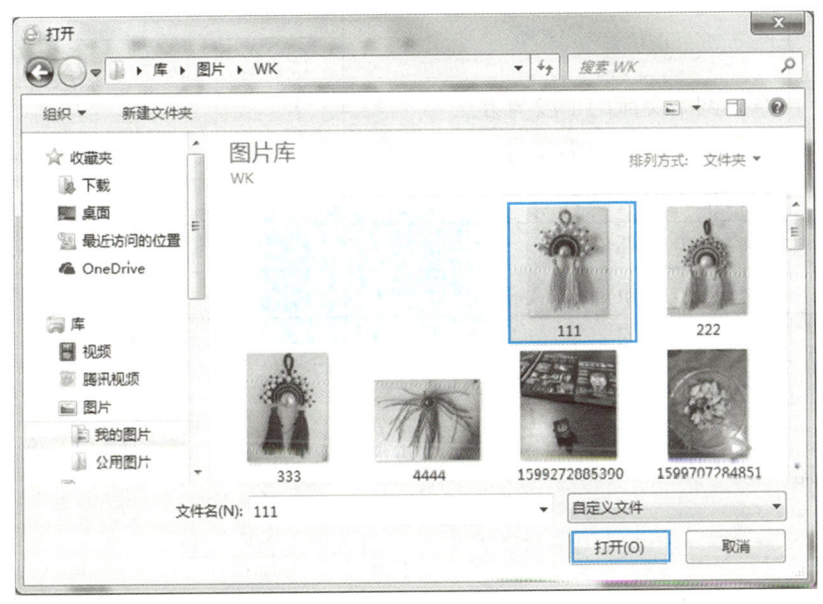

图 2-32　选择照片

（4）单击"开始上传"按钮，即可上传文件，如图2-33所示。

图 2-33　上传照片

2.4.7　学习评价

评价项目	指标体系	评价			
		不合格	合格	良好	优秀
知识理解	掌握网络交流的手段与方法				
	掌握信息发布的手段与方法				
动手能力	会与他人即时聊天				
	会收发电子邮件				
	会在网上发布信息				
素养与课程思政	强化信息意识				
	践行社会主义核心价值观				
	建立信息安全责任感				

实训任务 2.5　运用网络工具

2.5.1　实训目标

1. 知识目标

- 了解网络工具的种类；
- 掌握网络工具的使用方法。

2. 技能目标

- 会使用网络工具。

3. 素养与课程思政目标

- 提高实践能力；
- 践行社会主义价值观；
- 跟上信息时代步伐。

2.5.2　实训内容

运用网络工具思维导图如图2-34所示。

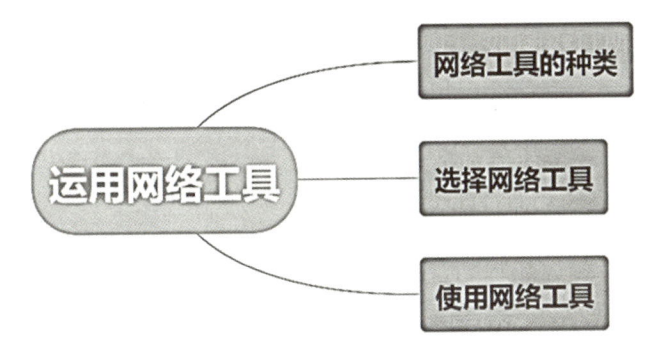

图 2-34 运用网络工具思维导图

2.5.3 实训环境

1. 安装好Windows 7操作系统的计算机。
2. 网络工具

2.5.4 实训指导

1. Internet是一个巨大的资源库，用户不但可以从中获取大量的资源，还可以使用各种网络工具。

2. 网络工具可以通过网络搜索并下载。

2.5.5 基础练习

1. 选择题

（1）腾讯QQ是一个（　　）工具。

  A. 网上聊天   B. 网上通讯

  C. 网上购物   D. 网上交友

（2）使用"优酷"可以在线追剧，所以它是一个（　　）工具。

  A. 追剧   B. 影音

  C. 搜索   D. 下载

2. 填空题

（1）使用"酷狗音乐"可以搜索和下载_____文件。

（2）使用"拼多多"不但可以购物，还可以通过_____来获取收益。

3. 简答题

(1) 简述自己平时接触过的网络工具及它们的用途。

(2) 使用网络工具有什么意义？举例说明。

2.5.6　举一反三

案例一描述：

使用音乐工具下载音乐。

操作要求：

使用"酷狗音乐"下载音乐文件"梦想天空分外蓝.mp3"。

参考操作步骤：

(1) 运行"酷狗音乐"应用软件，在搜索框中输入歌名"梦想天空分外蓝"，单击搜索按钮，在搜索结果列表中选择要下载的歌曲，单击下载按钮，如图2-35所示。

图 2-35 在"酷狗音乐"中搜索歌曲

（2）在弹出的"下载窗口"对话框中设置"下载地址"，单击"立即下载"按钮，如图2-36所示。

图 2-36 将音乐文件下载到特定位置

案例二描述：

使用电子商务营销工具开网店。

操作要求：

（1）在"拼多多"平台注册一个网店。

（2）在网店中发布一个商品。

（3）进行商品宣传。

参考操作步骤：

（1）打开浏览器，在地址栏中输入"mms.pinduoduo.com"，进入拼多多商家后台，在"账户登录"界面单击"立即注册"链接进行注册，如图2-37所示。

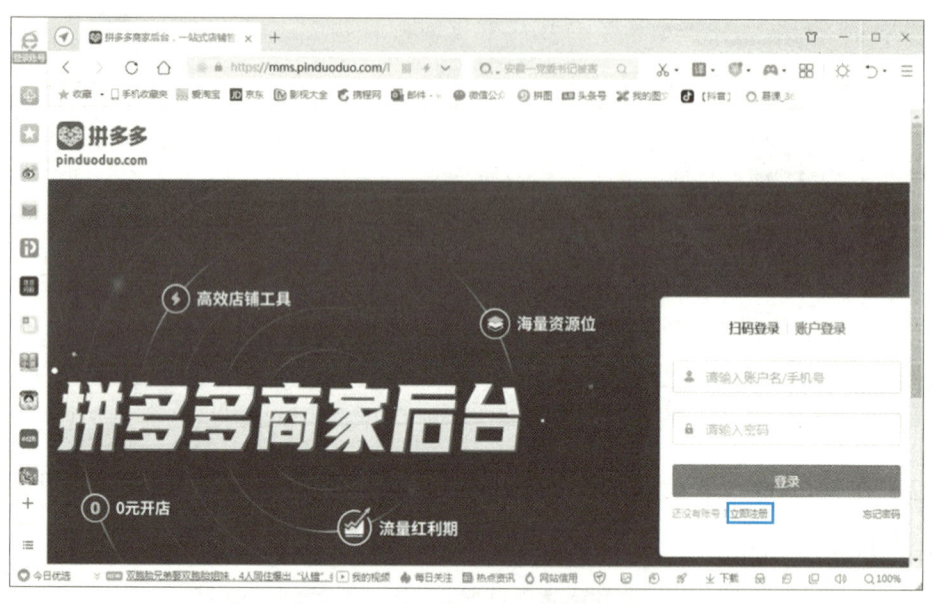

图 2-37　注册拼多多

（2）打开手机微信，"扫一扫"页面上的二维码，然后根据提示上传身份证正反面照片并进行视频认证，认证成功后设置店铺信息，完成开店。

（3）在网店中上传商品之前需要先准备好产品图片及文字介绍内容，然后在店铺页面左上角单击"商家后台"进入后台页面，再在页面左侧的选择"常用功能"｜"发布新商品"选项，上传商品图片和宣传内容，如图2-38所示。

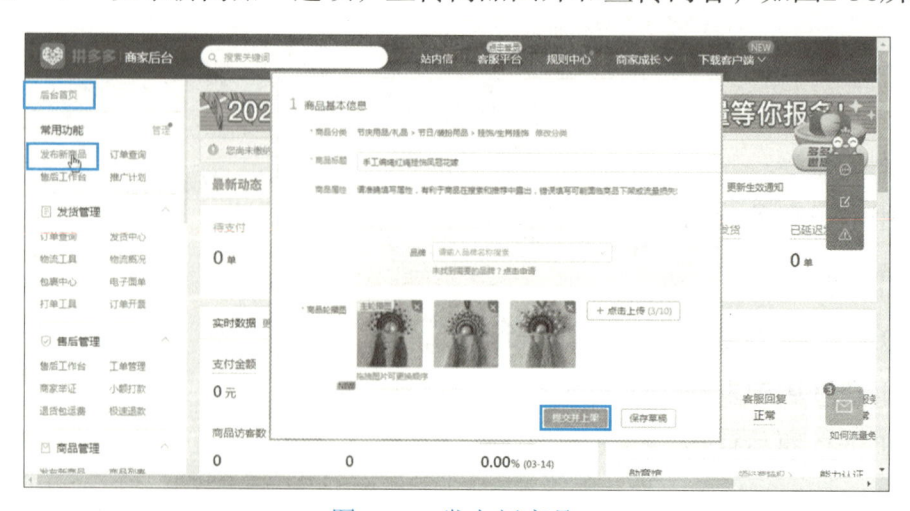

图 2-38　发布新商品

（4）在商家后台页面左侧选择"商品管理"｜"商品列表"选项，在商品列表中选择要进行宣传的商品，单击其右端的"分享商品"链接，然后选择一种分享方式来将其分享到社交平台，如图2-39所示。

图 2-39　宣传商品

2.5.7　学习评价

评价项目	指标体系	评价			
		不合格	合格	良好	优秀
知识理解	了解网络工具的种类				
	掌握网络工具的使用方法				
动手能力	会使用网络工具				
素养与课程思政	提高实践能力				
	践行社会主义时代观				
	跟上信息时代步伐				

实训任务 2.6　了解物联网

2.6.1　实训目标

1. 知识目标

- 了解物联网的概念、应用领域和发展历程；
- 了解物联网的技术原理和发展前景。

2. 技能目标
- 清晰认识物联网；
- 预知物联网的发展前景。

3. 素养与课程思政目标
- 把握时代脉搏；
- 秉持开创精神；
- 做现代化强国的合格建设者。

2.6.2 实训内容

了解物联网思维导图如图2-40所示。

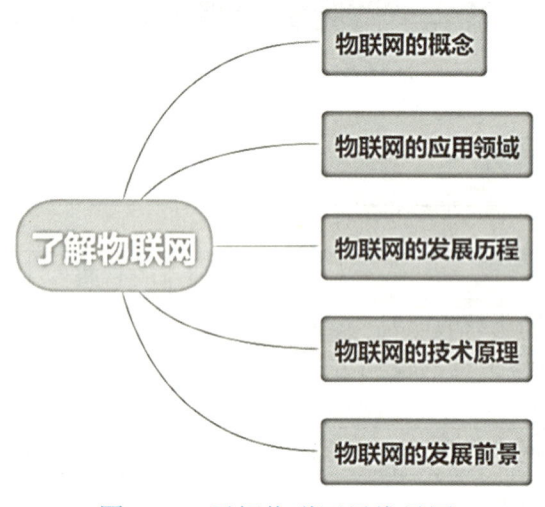

图 2-40　了解物联网思维导图

2.6.3 实训环境

安装好Windows 7操作系统的计算机。

2.6.4 实训指导

1. 物联网是把所有物品通过信息传感设备与互联网连接起来，并进行智能化识别和管理的网络系统。

2. 物联网的应用领域非常广泛，包含智能家居、智慧交通、智能医疗、智能电网、智能物流、智能农业、智能电力、智能安防、智慧城市、智能汽车、智能建筑、智能水务、商业智能、智能工业、平安城市等方面，如图2-41所示。

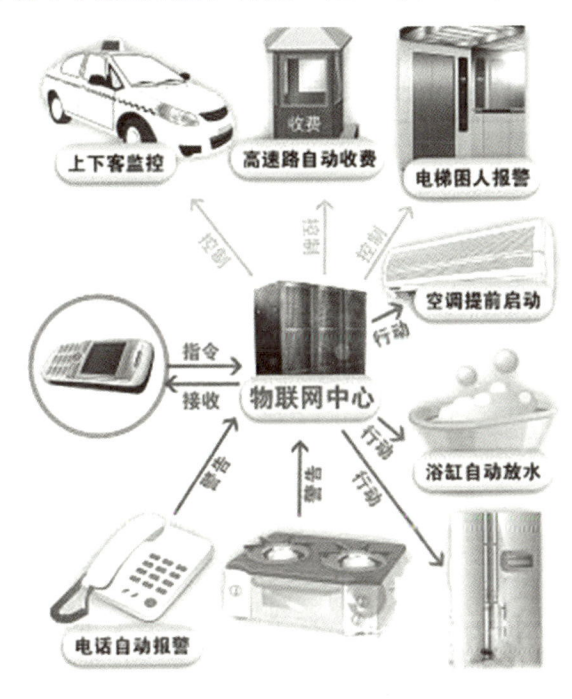

图 2-41　物联网的应用

3. 物联网的概念出现于1999年，英文名为Internet of Things（IOT），也叫Web of Things，被视为互联网的应用扩展，其核心为应用创新，注重用户体验。2005年，在突尼斯举行的信息社会世界峰会上，国际电信联盟正式提出了"物联网"的概念。

4. 物联网依靠先进的云计算、模式识别等信息处理技术来进行智能处理，云计算不仅是实现物联网的核心，还可以促进物联网和互联网的智能融合。

5. 物联网的出现是信息技术发展历程中的又一个重要突破，它将成为下一个推动世界高速发展的"重要生产力"，目前世界各国都在加大对物联网的研究和探索，这种智能载体与物联网的结合正伴随电子信息技术高速发展与智能健康生活的普及而逐渐兴起。

2.6.5　基础练习

1. 选择题

（1）(　　)年，在突尼斯举行的信息社会世界峰会上正式提出了"物联网"的概念。

A. 1964　　　　　　　　　B. 1999

C. 2005　　　　　　　　　D. 2010

（2）物联网的英文名为Internet of Things（IOT），也叫Web of Things，被视为互联网的（　　）。

A. 应用扩展　　　　　　　B. 应用创新

C. 应用体验　　　　　　　D. 应用融合

（3）（　　）是实现物联网的核心。

A. 互样网　　　　　　　　B. 云计算

C. 人工智能　　　　　　　D. 模式识别

2. 填空题

（1）物联网是把所有物品通过＿＿＿与互联网连接起来，并进行智能化识别和管理的网络系统。

（2）物联网依靠先进的＿＿＿等信息处理技术来进行智能处理。

（3）物联网的出现是信息技术发展历程中的又一个重要突破，它将成为下一个推动世界高速发展的＿＿＿。

3. 简答题

（1）简述自己平时接触过的关于物联网的事物。

（2）物联网有什么意义？举例说明。

2.6.6 学习评价

评价项目	指标体系	评价			
		不合格	合格	良好	优秀
知识理解	了解物联网的概念、应用领域和发展历程				
	了解物联网的技术原理和发展远景				
动手能力	清晰认识物联网				
	预知物联网的发展前景				
素养与课程思政	把握时代脉搏				
	秉持开创精神				
	做现代化强国的合格建设者				

第 3 章　图 文 编 辑

实训任务 3.1　操作图文编辑软件

3.1.1　实训目标

1. **知识目标**
- 了解常用图文编辑软件的特点与功能；
- 了解Word软件的操作界面。

2. **技能目标**
- 会创建、编辑、保存和打印文档；
- 会进行文档类型转换及文档合并；
- 会对文本信息进行查询、校对、修订；
- 会加密和保护文档信息。

3. **素养与课程思政目标**
- 增强信息意识；
- 践行社会主义核心价值观；
- 弘扬感恩父母优秀文化传统。

3.1.2　实训内容

春（节选）

"吹面不寒杨柳风"，不错的，像母亲的手抚摸着你。风里带来些新翻的泥土的气息，混着青草味儿，还有各种花的香，都在微微润湿的空气里酝酿。鸟儿将窠巢安在繁花嫩叶当中，高兴起来了，呼朋引伴地卖弄清脆的喉咙，唱出宛转的曲子，与轻风流水应和着。牛背上牧童的短笛，这时候也成天在嘹亮地响着。

> 雨是最寻常的，一下就是三两天。可别恼。看，像牛毛，像花针，像细丝，密密地斜织着，人家屋顶上全笼着一层薄烟。树叶子却绿得发亮，小草儿也青得逼你的眼。傍晚时候，上灯了，一点点黄晕的光，烘托出一片安静而和平的夜。乡下去，小路上，石桥边，有撑起伞慢慢走着的人；还有地里工作的农夫，披着蓑，戴着笠的。他们的草屋，稀稀疏疏的，在雨里静默着。

操作图文编辑软件思维导图如图3-1所示。

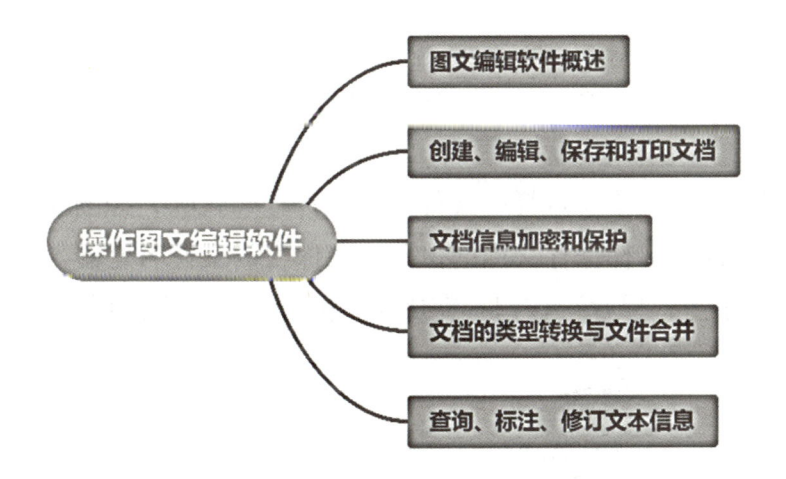

图 3-1　操作图文编辑软件思维导图

3.1.3　实训环境

1. 安装好Windows 7操作系统、Word 2010软件的计算机。
2. 素材资源。

3.1.4　实训指导

1. 启动Word后，新建一个空白文档，如图3-2所示。

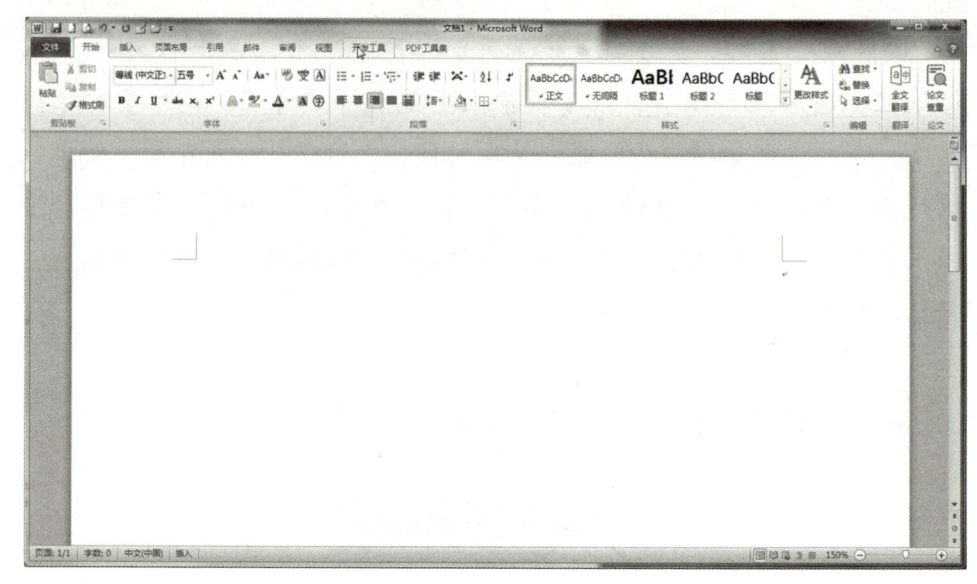

图 3-2　新建空白文档

2. 单击"保存"按钮 ![]（选择"文件"｜"保存"选项，如图3-3所示），弹出"另存为"对话框，选择保存文档的位置，在保存的文件名处输入"学号+姓名+春（节选）"，单击"保存"按钮，完成文档的创建，如图3-4所示。

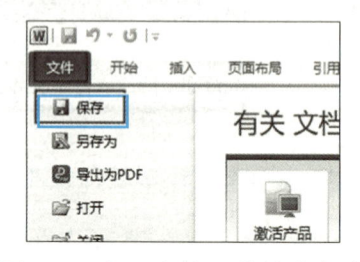

图 3-3　在"文件"菜单中保存

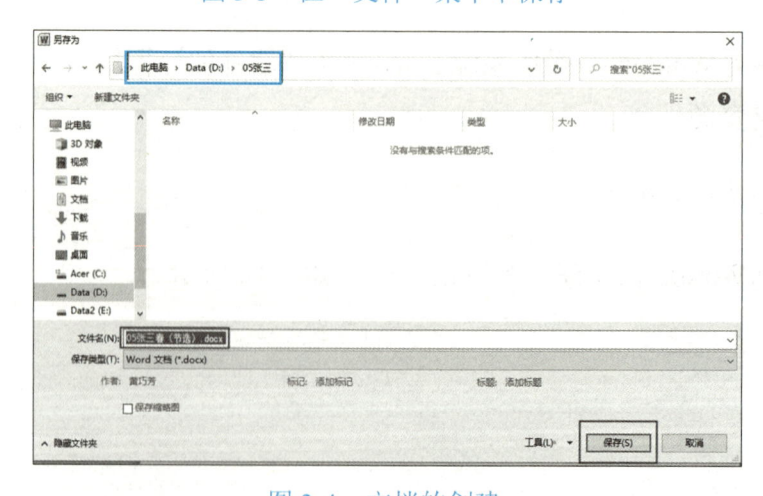

图 3-4　文档的创建

3. 在文档的工作区中，按照实训内容输入文字，如果需要换行，按键盘上的"Enter"键。注意：中文与英文的切换，可以按"Shift"键或"Ctrl+Shift"组合键。

4. 转到"插入"选项卡，在"符号"选项组中选择"符号"｜"其他符号"选项，弹出"符号"对话框，在"子集"下拉列表中选择"其他符号"选项，单击需要插入的符号"★"，然后单击"插入"按钮，连续操作5次，插入5个相同符号，如图3-5所示。

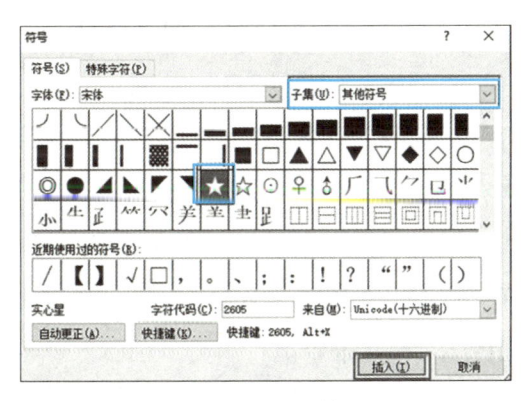

图 3-5 插入符号

5. 单击"保存"按钮（或选择"文件"｜"保存"选项），完成文档的保存。

3.1.5 基础练习

1. 选择题

（1）Word是一款（　　）软件。

　　A．文字编辑　　　　　　　B．电子表格

　　C．演示文稿　　　　　　　D．操作系统

（2）要关闭Word程序，应按（　　）组合键。

　　A．Ctrl+Shift　　　　　　B．Ctrl+C

　　C．Ctrl+A　　　　　　　　D．Alt+F4

（3）Word文档的默认的扩展名是（　　）。

　　A．txt　　　　　　　　　　B．docx

　　C．xlsx　　　　　　　　　D．pptx

（4）在Word中快速访问工具栏上的按钮 ↩ 的功能是（　　）。

　　A. 撤销上次操作　　　　　　B. 设置下画线

　　C. 加粗　　　　　　　　　　D. 保存

（5）在Word中快速访问工具栏上的按钮 ▇ 的功能是（　　）。

　　A. 撤销上次操作　　　　　　B. 设置下画线

　　C. 加粗　　　　　　　　　　D. 保存

（6）在Word中"所见即所得"说的是（　　）视图。

　　A. 草稿　　　　　　　　　　B. 阅读版式

　　C. 页面　　　　　　　　　　D. 大纲

（7）Word默认文字录入是插入状态，若切换到改写状态，可按（　　）键。

　　A. Insert　　　　　　　　　B. Delete

　　C. PageUp　　　　　　　　　D. PageDn

（8）如果用户正在编辑一个文档，希望以不同文件名存储，且不破坏原来文档的内容，可以使用（　　）命令。

　　A. 新建　　　　　　　　　　B. 保存

　　C. 另存为　　　　　　　　　D. 合并

（9）在完成一个文档的编辑后，想要知道实际打印效果，可以使用（　　）功能。

　　A. 分屏　　　　　　　　　　B. 打印预览

　　C. 主题　　　　　　　　　　D. 屏幕打印

（10）在Word中，为了实现中文与英文的切换，可以按（　　）组合键。

　　A. Alt+F4　　　　　　　　　B. Ctrl+C

　　C. Ctrl+V　　　　　　　　　D. Ctrl+Shift

2. 填空题

在标号处填写指向窗口元素的名称。

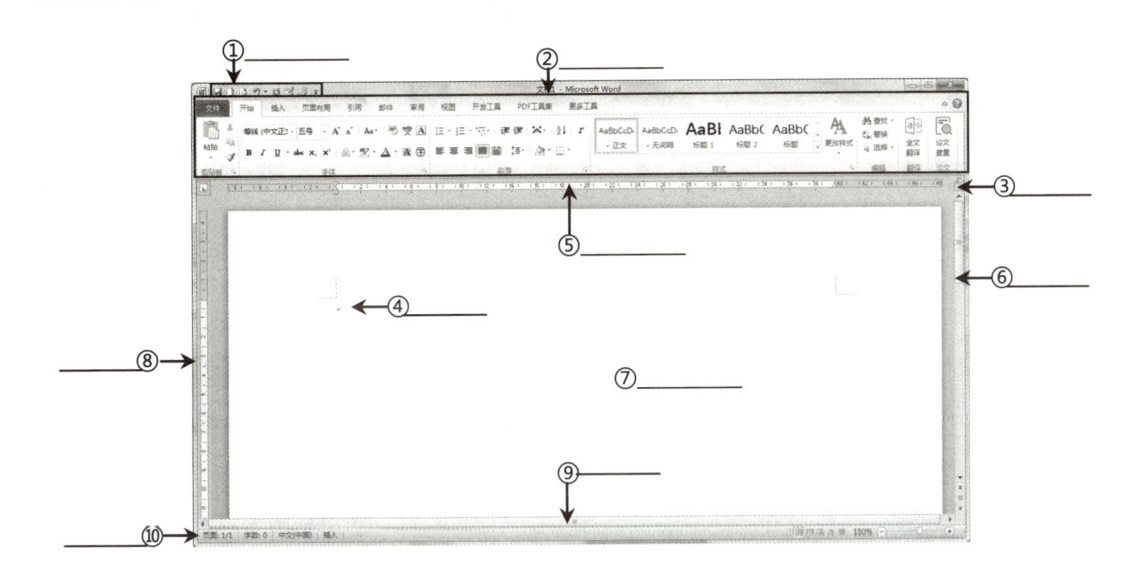

3. 简答题

（1）启动Word的方法有几种？请分别列举出来。

（2）在进行文本删除的时候，按下"Backspace"键与"Delete"键，效果有什么区别？

3.1.6 举一反三

案例一描述：

停电通知

尊敬的各位老师、同学：

  2021年9月20日，我校宿舍区将进行电力改造工程，后勤变电站需断电进行施工，给在校工作、学习和生活的师生带来不便，敬请谅解。

后勤管理处
2021年9月17日

操作要求：

（1）新建一个Word文档，将其命名为"学号+姓名+通知"，并按以上内容进行文字录入，最后保存文档。

（2）对文档的修改权限进行设置，设置密码为自己名字的全拼字母。

（3）将文档转换成PDF类型。

参考操作步骤：

（1）新建一个空白文档，单击"保存"按钮，在弹出的"另存为"对话框中选择文档的保存位置，在"文件名"文本框中输入"学号+姓名+通知"，在对话框的右下角选择"工具"｜"常规选项"选项，在弹出的"常规选项"对话框中设置修改文件时的密码，如图3-6和图3-7所示。

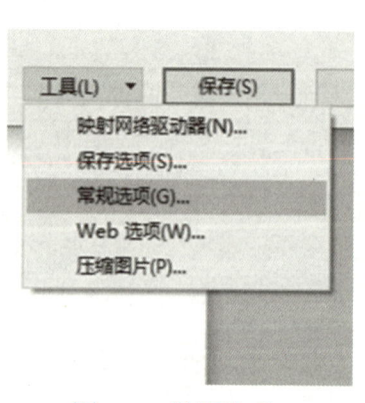

图3-6 常规选项   图3-7 设置修改文件时的密码

（2）录入文本，保存。

（3）选择"文件"│"另存为"选项，在弹出的"另存为"对话框中，将"保存类型"更改为"PDF(*.pdf)"格式，单击"保存"按钮，如图3-8所示。

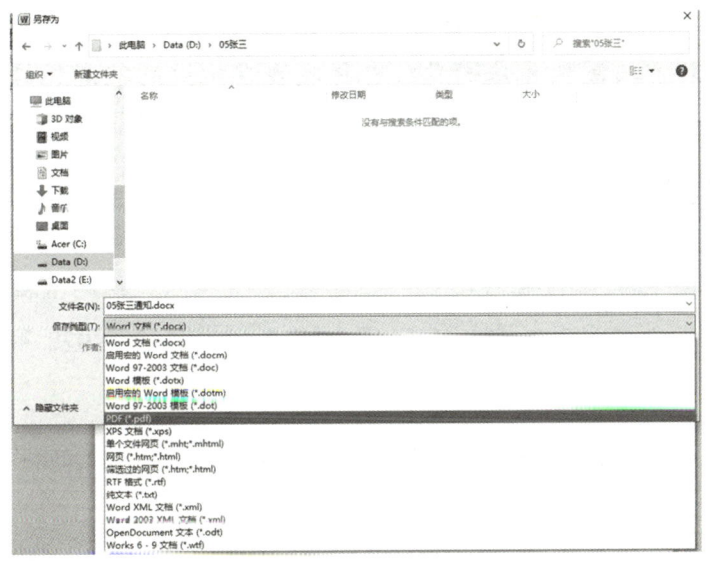

图 3-8　另存为 PDF 文档

案例二描述：

给父母的一封家书

亲爱的父亲、母亲：

　　您们好！

　　女儿有好多年没有给您们写过信了，由于这十多年里通信方式的改变和自己的慵懒，渐渐没有了写家书的习惯。好久没有以这种方式和您们聊天了，感觉怪怪的。家里的事情虽然我也很清楚，但我还是决定写这封信，想和您们说说我的心里话。

　　父亲、母亲，我感谢您们养育了我，这份恩情是我一辈子还不清也还不了的，我不会忘了生活中您们对我的点滴关怀和无微不至的照顾。还记得，儿时的我在跌倒时是母亲扶我起来的，说宝贝别哭；还记得，在我无措彷徨时父亲为我指明前方的路；还记得，在睡觉时母亲为我盖被子；还记得，在哭泣的时候父亲告诫我要坚强……有太多类似的事情，深深地印在我的脑海之中。

> 如今我长大了，虽然在成长的道路上有些辛苦，但我不会怨天怨地，更不会怨您们。因为我知道，每个人的成长都不可能是一帆风顺的。我也深深地知道，为了我，您们也付出了很多。
>
> 最后我想对含辛茹苦的您们说：父亲、母亲您们辛苦了！我的成长已被您们的爱填满，无法衡量。也许我现在能做的就是加倍努力，用我的一生去报答您们，让您们幸福。而此刻我怀着一颗感恩的心，虔诚地祈祷，祝福我的父亲和母亲健康、平安！
>
> 您的宝贝：×××
2022年×月×日

操作要求：

（1）新建一个Word文档，将其命名为"学号+姓名+一封家书"，并按以上内容进行文字录入，最后保存文档。

（2）将此文档正文范围（从"给父母的一封家书"到"2022年×月×日"）中所有"父亲"替换成"爸爸"，所有的"母亲"替换成"妈妈"。

（3）利用Word的"审阅"功能，对文档中出现的拼写错误进行更正或修改，然后进行保存。

（4）新建一个文档，将其命名为"学号+姓名+合并文档"，将"通知"文档与"一封家书"文档进行文档合并，再将合并后的文档转成PDF。

参考操作步骤：

（1）新建一个空白文档，单击"保存"按钮🖫，在弹出的"另存为"对话框中，选择保存文档的位置，在"文件名"文本框中输入"学号+姓名+一封家书"，单击"保存"按钮，然后录入文本并保存。

（2）选中正文范围（从"给父母的一封家书"到"2022年×月×日"），转到"开始"选项卡，单击"编辑"选项组中的"替换"按钮，打开"查找和替换"对话框，在"查找内容"一栏中输入"父亲"，在"替换为"一栏中输入"爸爸"，单击"全部替换"按钮，在弹出的提示框中单击"否"按钮，表示不搜索其他范围，如图3-9和图3-10所示。

以同样的方法，完成将"母亲"替换为"妈妈"的操作。

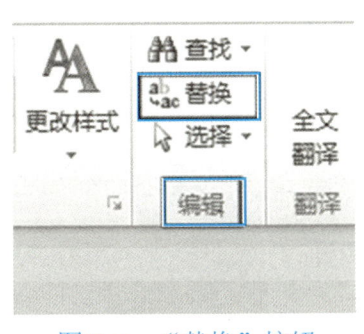

图 3-9　"替换"按钮　　　　　　图 3-10　全部替换

（3）选中正文范围（从"给父母的一封家书"到"2022年×月×日"），转到"审阅"选项卡，在"校对"选项组中单击"拼写和语法"按钮，在打开的面板中，找到错误位置并更改。

（4）新建一个文档，将其命名为"学号+姓名+合并文档"，转到"插入"选项卡，在"文本"选项组中单击"对象"下拉按钮，在下拉列表中选择"文件中的文字"选项，在弹出的"插入文件"对话框中，选择需要合并的文档，单击"插入"按钮。

3.1.7　学习评价

评价项目	指标体系	评价			
		不合格	合格	良好	优秀
知识理解	了解图文编辑软件的特点与功能				
	了解 Word 软件的操作界面				
动手能力	会创建、编辑、保存和打印文档				
	会进行文档类型转换及文档合并				
	会对文本信息进行查询、校对、修订				
	会加密和保护文档信息				
素养与课程思政	增强信息意识				
	践行社会主义核心价值观				
	弘扬感恩父母优秀文化传统				

实训任务 3.2　设置文本格式

3.2.1　实训目标

1. 知识目标
- 掌握文字格式的设置方法；
- 掌握段落格式的设置方法；
- 掌握页面格式的设置方法；
- 掌握样式的应用。

2. 技能目标
- 会设置文字格式；
- 会设置段落格式；
- 会设置页面格式；
- 会使用样式。

3. 素养与课程思政目标
- 学习信息处理技术；
- 提升实践能力；
- 弘扬脚踏实地的工匠精神。

3.2.2　实训内容

本实训任务最终效果图如图3-11所示。

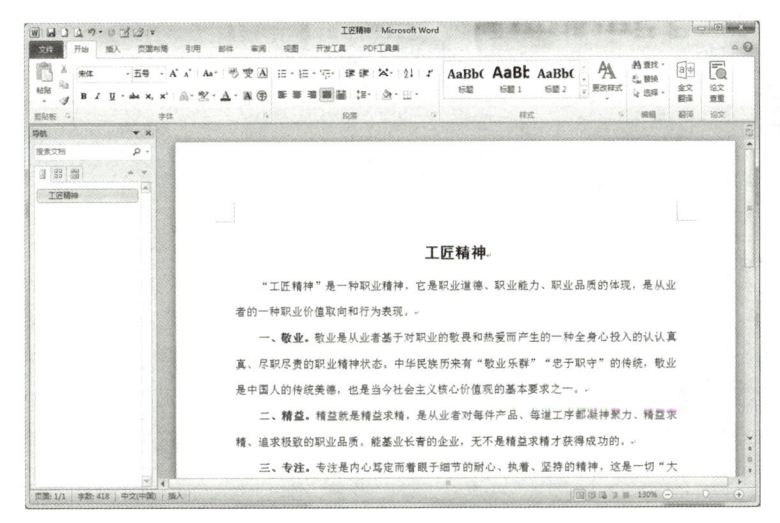

图 3-11　本实训任务最终效果图

设置文本格式思维导图如图3-12所示。

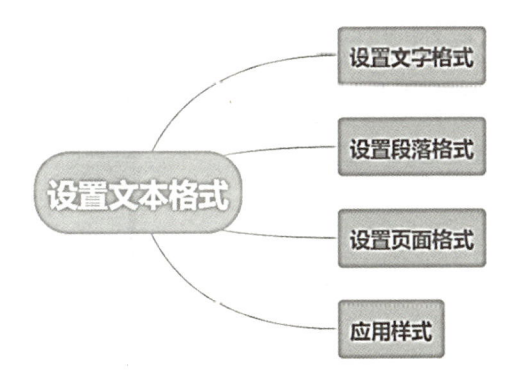

图 3-12　设置文本格式思维导图

3.2.3　实训环境

1. 安装好Windows 7操作系统、Word 2010软件的计算机。
2. 素材资源。

3.2.4　实训指导

1. 打开Word程序，选择"文件"｜"打开"选项，在弹出的"打开"对话框中选择"书稿\信息技术实训指导上\素材\工匠精神"文件，打开文档，如图3-13所示。

第 3 章　图 文 编 辑

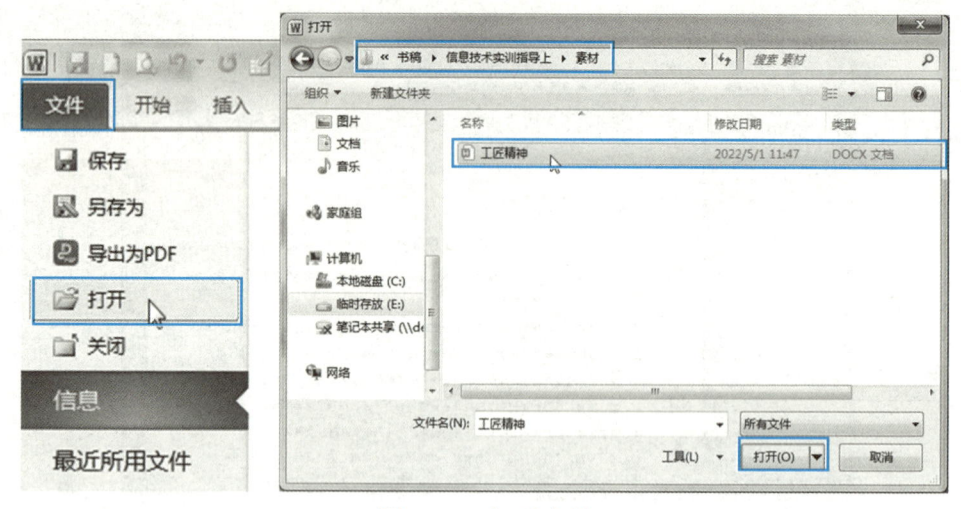

图 3-13　打开文件

2. 选中标题文本，转到"开始"选项卡，在"字体"选项组中单击字体下拉按钮，在下拉列表中选择"黑体"，如图3-14所示。

3. 选中标题文本，转到"开始"选项卡，在"字体"选项组中单击字号下拉按钮，在下拉列表中选择"四号"，如图3-15所示。

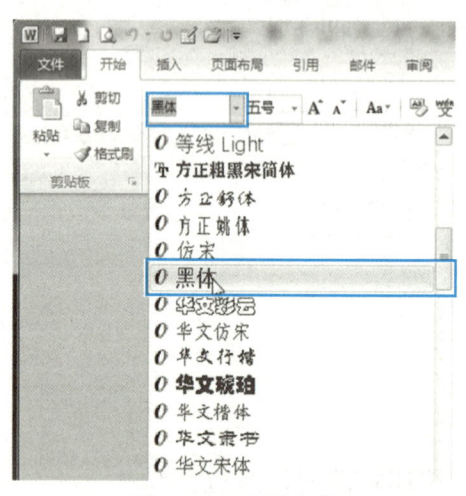

图 3-14　选择字体　　　　　　　图 3-15　选择字号

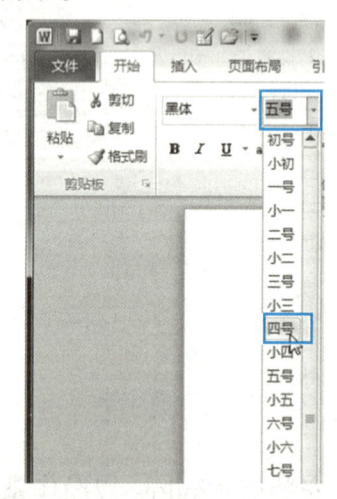

4. 在"一、敬业。"上按下鼠标左键并拖曳，选中该文本，转到"开始"选项卡，在"字体"选项组中单击加粗按钮 B，如图3-16所示。用同样的方法加粗"二、精益。""三、专注。""四、匠心。"。

— 100 —

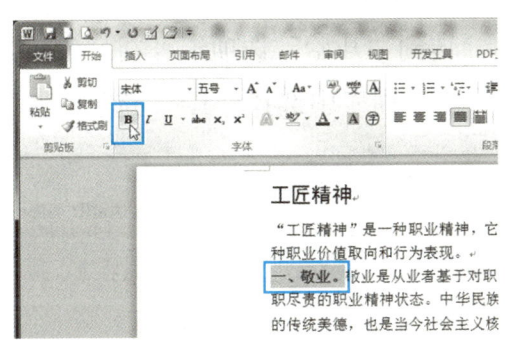

图 3-16　加粗字体

5. 选中标题文本，转到"开始"选项卡，在"段落"选项组中单击居中按钮，如图3-17所示。

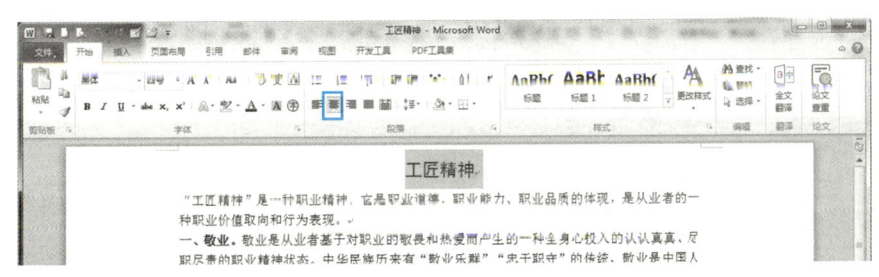

图 3-17　段落居中对齐

6. 选中正文文本，转到"开始"选项卡，单击"段落"选项组右下角的控件，在弹出的"段落"对话框中设置"特殊格式"为"首行缩进"，并将"磅值"设置为"2字符"，如图3-18所示。

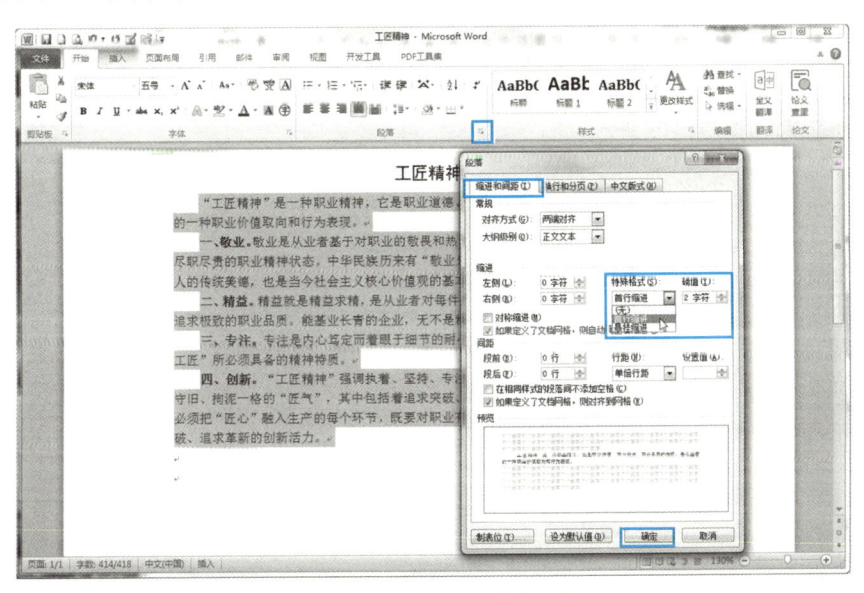

图 3-18　段落首行缩进

— 101 —

7. 选中正文文本，转到"开始"选项卡，在"段落"选项组中单击行和段落间距下拉按钮，在下拉列表中选择"1.5"选项，如图3-19所示。

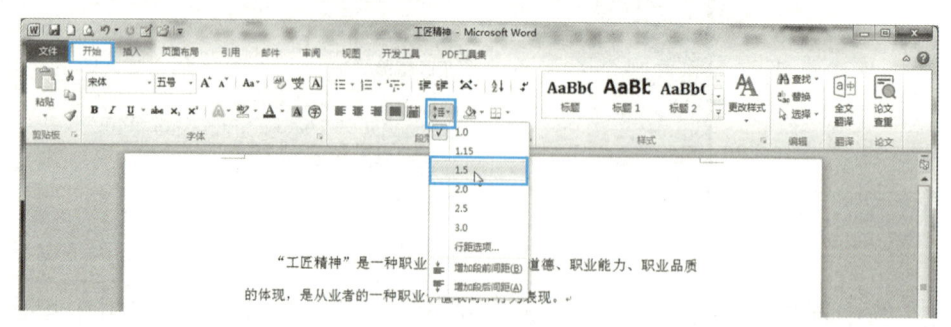

图 3-19 设置行间距

8. 选中标题文本，转到"页面布局"选项卡，在"段落"选项组中将"段前""段后"选项均设置为"1行"，如图3-20所示。

图 3-20 设置段落间距

9. 转到"页面布局"选项卡，在"页面设置"选项组中单击"纸张大小"下拉按钮，在下拉列表中选择"B5(JIS)"选项，如图3-21所示。

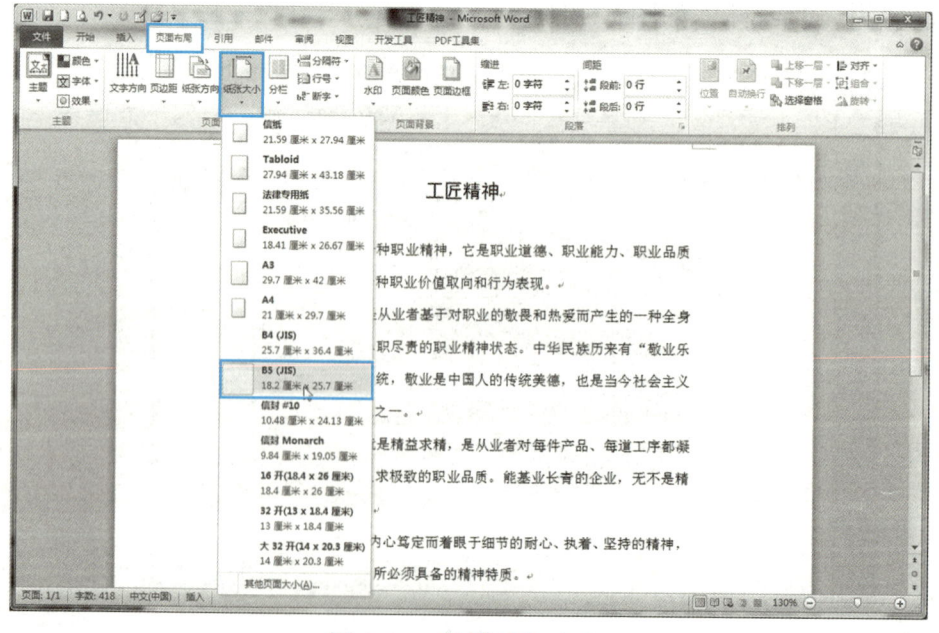

图 3-21 设置纸张大小

10. 转到"页面布局"选项卡，在"页面设置"选项组中单击"页边距"下拉按钮，在下拉列表中选择"适中"选项，如图3-22所示。

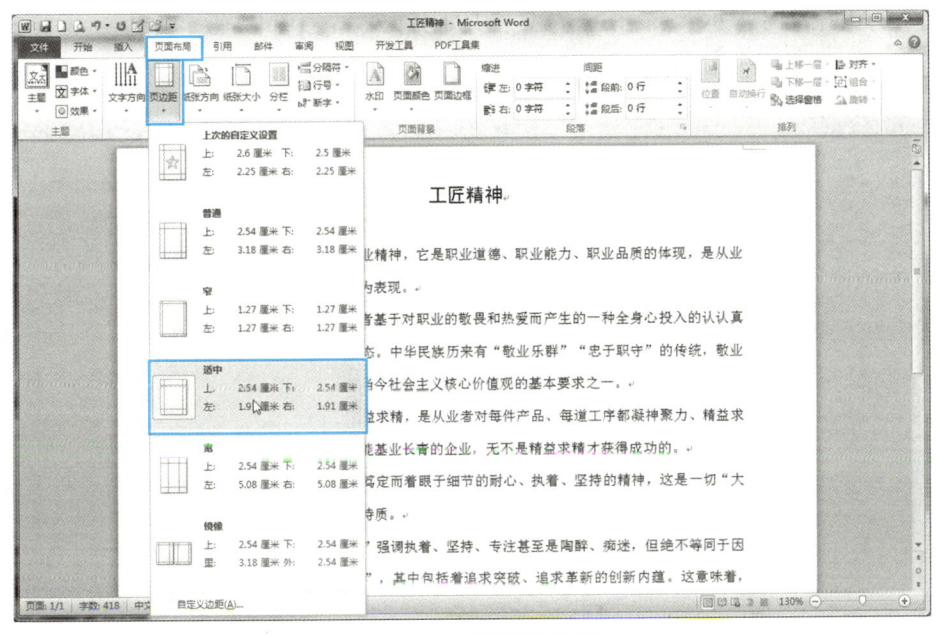

图 3-22　设置页边距

11. 转到"视图"选项卡，在"显示"选项组中选中"导航窗格"复选框，显示"导航"窗格，如图3-23所示。

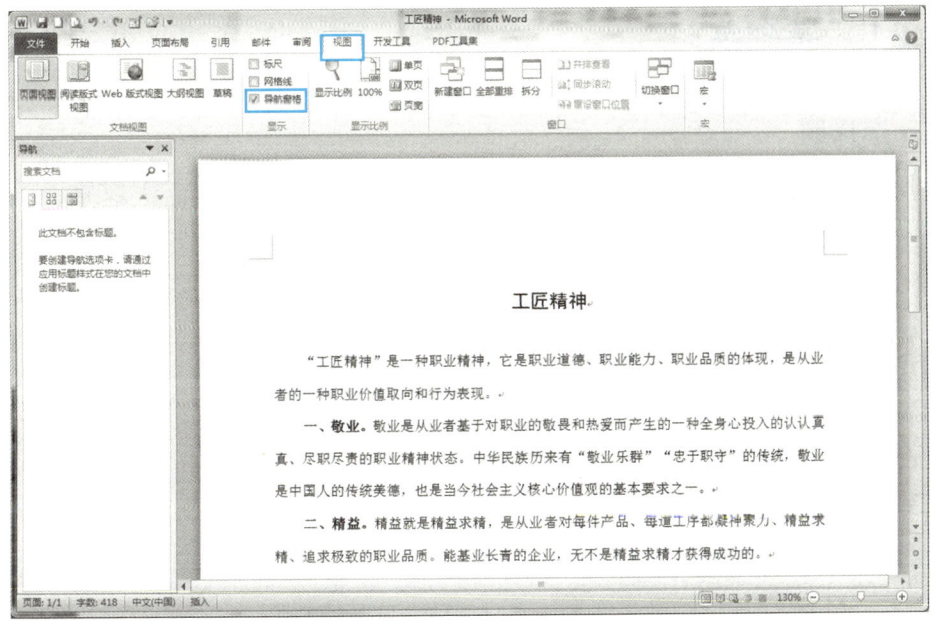

图 3-23　显示"导航"窗格

12. 选中标题文本，转到"开始"选项卡，在"样式"选项组的样式库中选择"标题"样式，为标题文本应用标题样式，然后再将标题格式设置为黑体、四号字，如图3-24所示（提示：为文本应用样式后，可以在"导航"窗格中通过单击该文本实现快速跳转）。

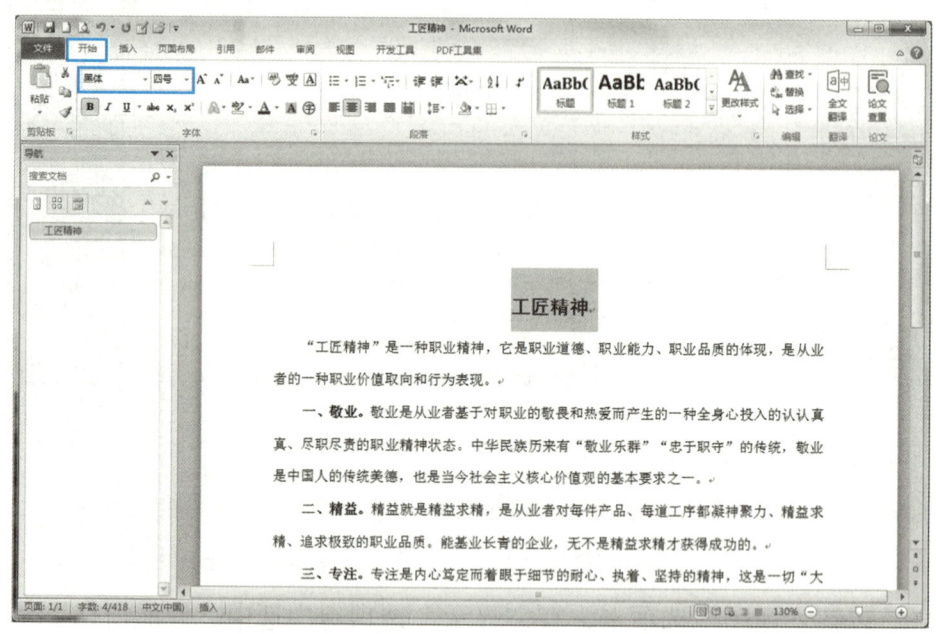

图 3-24　应用样式

3.2.5　基础练习

1. 选择题

（1）要指定文档中内容到页面边缘的距离，需进行（　　）设置。

　　A. 文字格式　　　　　　　　B. 段落格式

　　C. 页面格式　　　　　　　　D. 样式

（2）使用（　　）可以快速为选定文本应用预置的格式。

　　A. 文字格式　　　　　　　　B. 段落格式

　　C. 页面格式　　　　　　　　D. 样式

（3）使用▤按钮可以设置（　　）。

　　A. 文字方向　　　　　　　　B. 中文版式

　　C. 分散对齐　　　　　　　　D. 文字间距

2. 填空题

（1）文档正文开头的缩进值通常为_____。

（2）信件落款的段落对齐格式为_____对齐。

（3）使用标尺可以设置_____格式。

（4）在字号中，阿拉伯数字越大字符越_____。

（5）假设已在Word窗口中录入了6段文字，其中第1段已经按要求设置好了字体和段落格式，现在要对其他5段进行同样的格式设置，使用_____最简便。

3. 简答题

（1）要为文档页面左侧设置距离为1cm的装订线，应如何设置？

（2）怎样为文档内容应用样式？

3.2.6　举一反三

案例一描述：

停电通知

　　尊敬的各位老师、同学：

　　2021年9月20日我校宿舍区进行电力改造工程，后勤变电站需断电进行施工，给在校工作和学习、生活的师生带来不便，敬请谅解。

后勤管理处

2021年9月17日

操作要求：

（1）打开"学号+姓名+通知"文档，按上述格式进行排版。

（2）将标题文字格式改为仿宋体、小三号字，并加粗。

（3）将纸张大小设置为B5。

（4）将页边距设置为上、下各2.5cm，左、右各3cm。

（5）在落款后面加三个空格。

参考操作步骤：

（1）打开"学号+姓名+通知"文档，选中标题文本，在"开始"选项卡的"字体"选项组中设置字号为"小三"，设置字体为"仿宋"，并设置加粗和居中。

（2）转到"页面布局"选项卡，在"页面设置"选项组中单击"纸张大小"下拉按钮，在下拉列表中选择"B5(JIS)"选项。

（3）转到"页面布局"选项卡，在"页面设置"选项组中单击"页边距"下拉按钮，在下拉列表中选择"自定义边距"选项，在弹出的"页面设置"对话框的"页边距"选项卡中设置上、下页边距值为"2厘米"，设置左、右页边距值为"3厘米"，如图3-25所示。

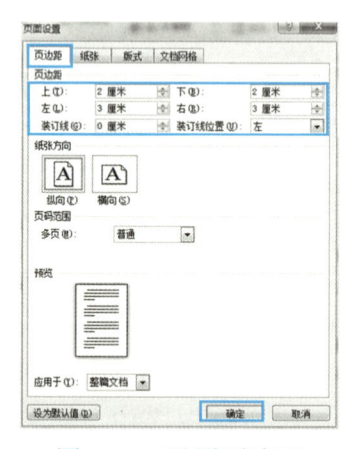

图3-25　设置页边距

（4）选中"2021……"这一段，转到"开始"选项卡，单击"段落"选项组右下角的控件，在弹出的"段落"对话框的"缩进和间距"选项卡中设置"特殊格式"为"首行缩进"，"磅值"为"2字符"。

（5）选中落款和日期，转到"开始"选项卡，单击"段落"选项组中的右对齐按钮。

（6）将鼠标指针放在落款后面，按三次空格键。

案例二描述：

给父母的一封家书

亲爱的父亲、母亲：

　　您们好！

　　女儿有好多年没有给您们写过信了，由于这十多年里通信方式的改变和自己的慵懒，渐渐没有了写家书的习惯。好久没有以这种方式和您们聊天了，感觉怪怪的。家里的事情虽然我也很清楚，但我还是决定写这封信，想和您们说说我的心里话。

　　父亲、母亲，我感谢您们养育了我，这份恩情是我一辈子还不清也还不了的，我不会忘了生活中您们对我的点滴关怀和无微不至的照顾。还记得，儿时的我在跌倒时是母亲扶我起来的，说宝贝别哭；还记得，在我无措彷徨时父亲为我指明前方的路；还记得，在睡觉时母亲为我盖被子；还记得，在哭泣的时候父亲告诫我要坚强……有太多类似的事情，深深地印在我的脑海之中。

　　如今我长大了，虽然在成长的道路上有些辛苦，但我不会怨天怨地，更不会怨您们。因为我知道，每个人的成长都不可能是一帆风顺的。我也深深地知道，为了我，您们也付出了很多。

　　最后我想对含辛茹苦的您们说：父亲、母亲您们辛苦了！我的成长已被您们的爱填满，无法衡量。也许我现在能做的就是加倍努力，用我的一生去报答您们，让您们幸福。而此刻我怀着一颗感恩的心，虔诚地祈祷，祝福我的父亲和母亲健康、平安！

您的宝贝：×××
2022年×月×日

操作要求：

（1）打开"学号+姓名+一封家书"文档，将正文按信件格式进行排版。

（2）将标题文字设置为四号字并加粗。

参考操作步骤：

（1）选中标题文字，转到"开始"选项卡，在"字体"选项组中单击加粗按钮 B 。

（2）选中"你们好"到"最后……"段落，转到"开始"选项卡，单击"段落"选项组右下角的控件 ，在弹出的"段落"对话框的"缩进和间距"选项卡中设置"特殊格式"为"首行缩进"，"磅值"为"2字符"。

（3）选中落款和日期，转到"开始"选项卡，在"段落"选项组中单击右对齐按钮 。

（4）将鼠标指针放在落款后面，按一次空格键。

3.2.7　学习评价

评价项目	指标体系	评价			
		不合格	合格	良好	优秀
知识理解	掌握文字格式的设置方法				
	掌握段落格式的设置方法				
	掌握页面格式的设置方法				
	掌握样式的应用				
动手能力	会设置文字格式				
	会设置段落格式				
	会设置页面格式				
	会使用样式				
素养与课程思政	学习信息处理技术				
	提升实践能力				
	弘扬脚踏实地的工匠精神				

实训任务3.3　制作表格

3.3.1　实训目标

1. 知识目标

- 掌握表格的创建方法；
- 掌握表格格式的设置方法。

2. 技能目标

- 会创建表格；
- 会格式化表格。

3. 素养与课程思政目标

- 强化信息处理手段；
- 践行社会主义核心价值观。

3.3.2 实训内容

本实训任务最终效果图如图3-26所示。

图 3-26　本实训任务最终效果图

制作表格思维导图如图3-27所示。

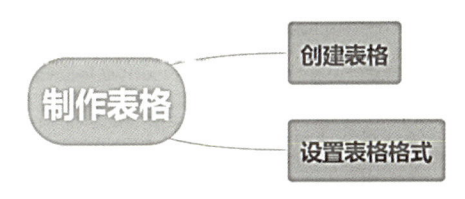

图 3-27　制作表格思维导图

3.3.3 实训环境

1. 安装好Windows 7操作系统、Word 2010软件的计算机。
2. 素材资源。

3.3.4 实训指导

1. 启动Word，转到"插入"选项卡，单击"表格"选项组中的"表格"下拉按钮，在下拉列表中选择"插入表格"选项，如图3-28所示。

2. 在弹出的"插入表格"对话框中设置"列数"为"7"，设置"行数"为"16"，如图3-29所示。

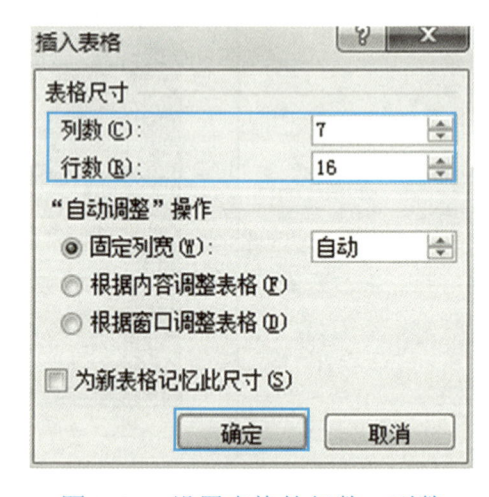

图3-28　插入表格　　　　图3-29　设置表格的行数、列数

3. 单击表格左上角的 图标选中表格，转到"设计"选项卡，在"表格样式"选项组中单击表格样式库右下角的下拉按钮 ，在下拉列表中选择"中等深浅网格3-强调文字颜色5"，如图3-30所示。

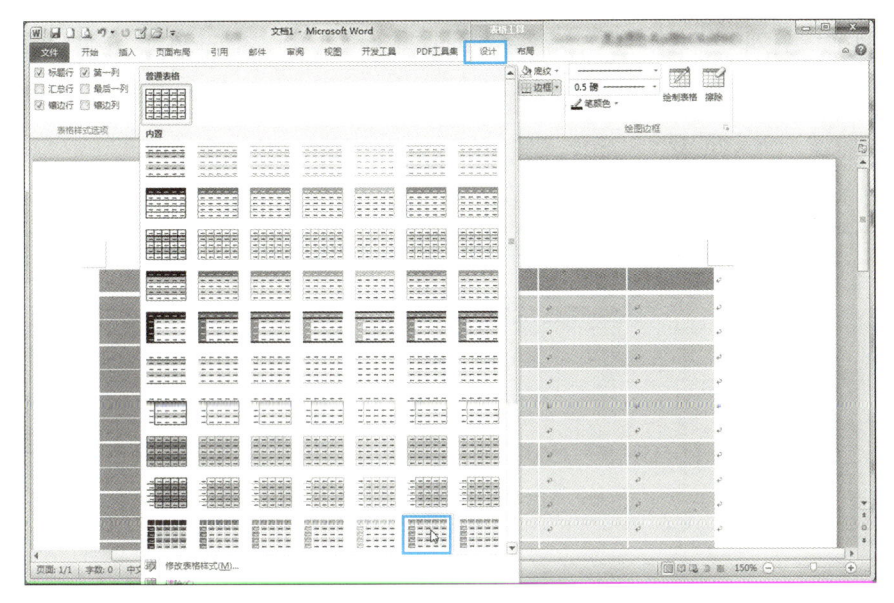

图 3-30　设置表格样式

4. 在表格中拖曳鼠标选中所有单元格，转到"布局"选项卡，在"表"选项组中单击"属性"按钮，在弹出的"表格属性"对话框中转到"行"选项卡，选中"指定高度"复选框，并输入"1厘米"，单击"确定"按钮，如图3-31所示。

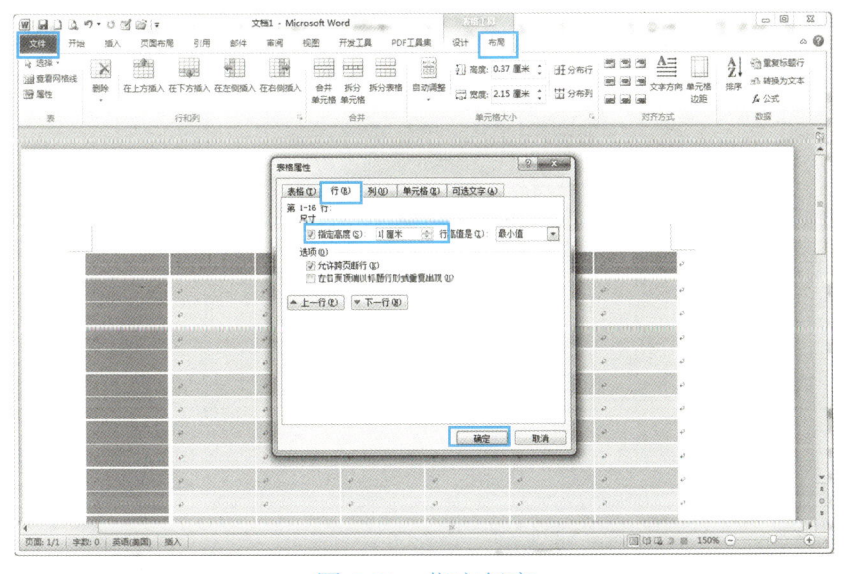

图 3-31　指定行高

5. 选中最后一行，在被选区域上单击鼠标右键，在弹出的快捷菜单中选择"表格属性"选项，在弹出的"表格属性"对话框中转到"行"选项卡，选中"指定高度"复选框，并输入"2厘米"。用同样的方法设置第15行行高为5厘米。

6. 选中第1列，转到"布局"选项卡，在"表"选项组中单击"属性"按钮，在弹出的"表格属性"对话框中转到"列"选项卡，选中"指定宽度"复选框，并输入"2.5厘米"，如图3-32所示。

图 3-32　指定列宽

7. 设置完第一列宽度后，单击"后一列"按钮，选中"指定宽度"复选框，并输入"2厘米"，如图3-33所示。用同样的方法指定第3、第4、第5、第6、第7列宽度分别为2厘米、2厘米、2厘米、2.5厘米、3厘米。

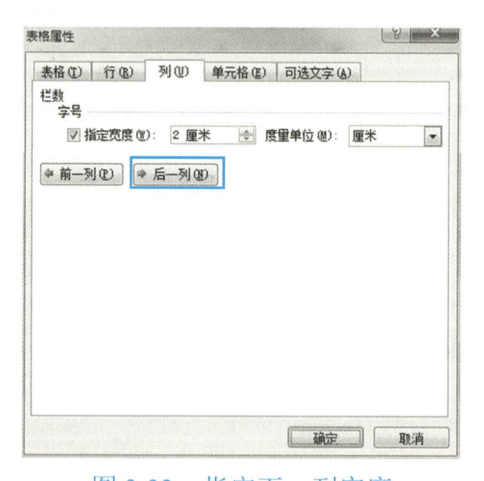

图 3-33　指定下一列宽度

8. 选中第7列的第2至第5单元格，转到"布局"选项卡，在"合并"选项组中单击"合并单元格"按钮，如图3-34所示。用同样的方法合并如下单元格：第6行第2至第4单元格；第6行第6至第7单元格；第7行第1至第7单元格；第12行第1至第7单元格；第15行第2至第7单元格；第16行第1至第7单元格。

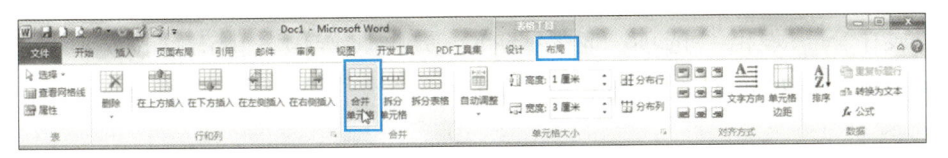

图 3-34　合并单元格

9. 选中第8行至第11行，转到"布局"选项卡，在"合并"选项组中单击"拆分单元格"按钮，在弹出的"拆分单元格"对话框中，设置"列数"为"3"，设置"行数"为"4"，如图3-35所示。用相同的方法选中第13、第14行，拆分单元格，并设置"列数"为"4"，设置"行数"为"2"。

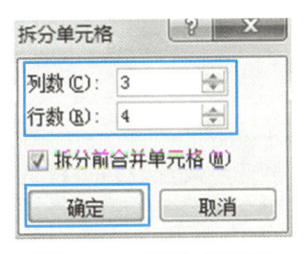

图 3-35　拆分单元格

10. 选中表格中的所有单元格，转到"设计"选项卡，在"表格样式"选项组中单击"边框"下拉按钮，在下拉列表中选择"边框和底纹"选项，如图3-36所示。

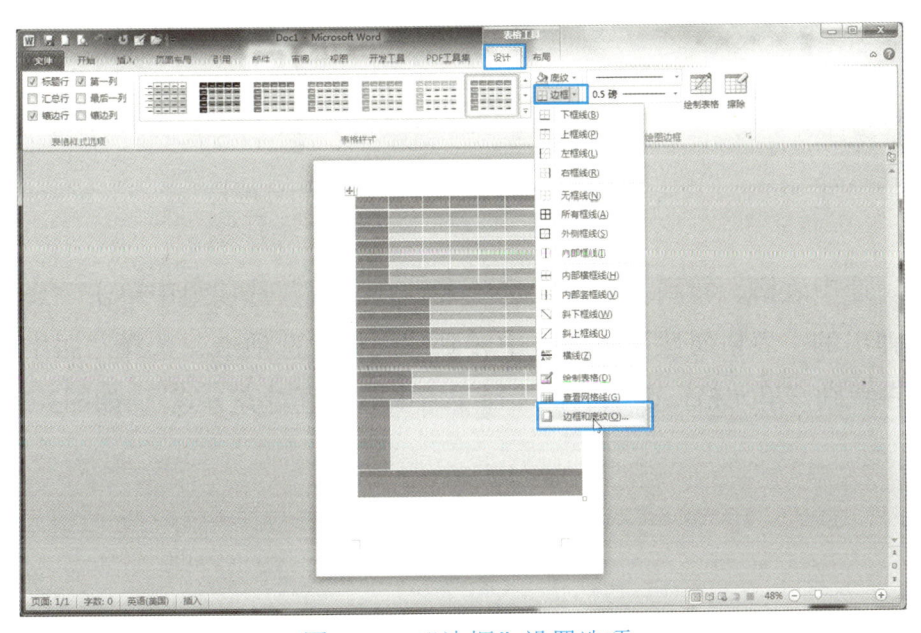

图 3-36　"边框"设置选项

11. 在弹出的"边框和底纹"对话框中转到"边框"选项卡，选择"应用于"

下拉列表中的"表格"选项,然后选择"方框"选项,单击"预览"框中对应的按钮,添加内外框线,如图3-37所示。

图 3-37　设置表格边框效果

12. 选中第2至第5行右侧的合并单元格,转到"设计"选项卡,在"表格样式"选项组中单击"底纹"下拉按钮,在下拉列表中选择白色,如图3-38所示。

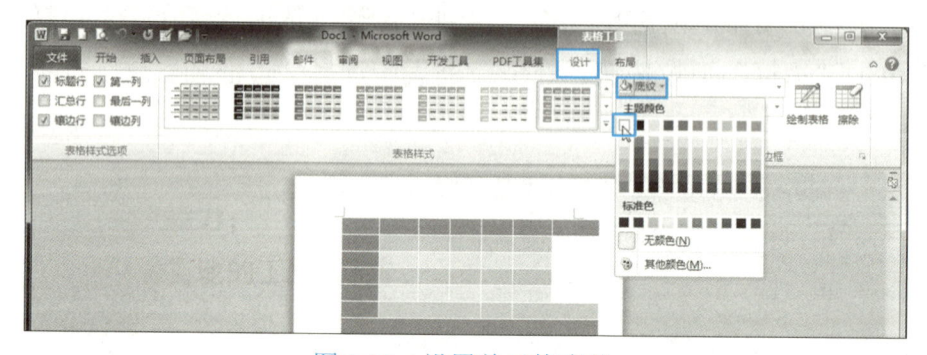

图 3-38　设置单元格底纹

13. 选中表格,转到"布局"选项卡,在"表"选项组中单击"属性"按钮,在弹出的"表格属性"对话框中转到"表格"选项卡,选择"居中"对齐方式;再转到"单元格"选项卡,选择"居中"垂直对齐方式",如图3-39所示。

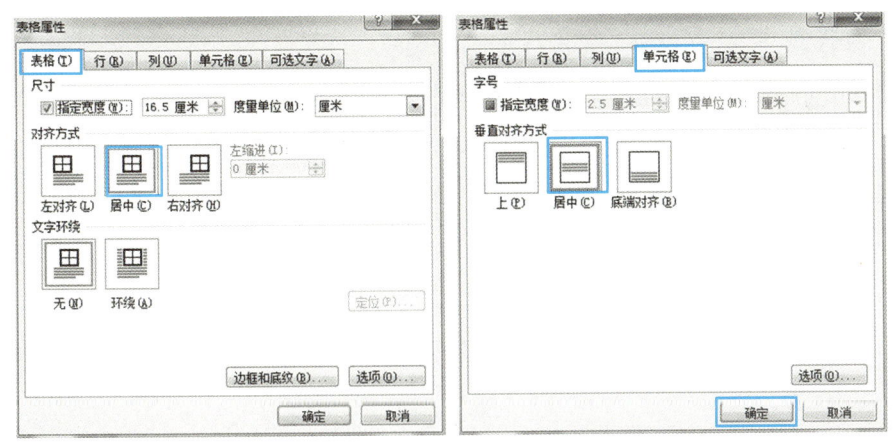

图 3-39　设置表格和单元格的居中对齐方式

3.3.5　基础练习

1. 选择题

（1）在Word中，当前插入点在表格某行的最后一个单元格内，按"Enter"键可以（　　）。

　　A. 增高所在行　　　　　　　B. 加宽所在列
　　C. 增加一行　　　　　　　　D. 将插入点移到下一个单元格

（2）选中整个表格的方法是（　　）。

　　A. 在表格中单击　　　　　　B. 在表格中双击
　　C. 在表格中拖曳鼠标　　　　D. 单击表格左上角的 图标

（3）在Word中对表格进行操作时，单击"设计"选项卡"边框"右边的下三角按钮，可以弹出（　　）。

　　A. "边框"对话框　　　　　　B. "表格属性"对话框
　　C. 下拉列表　　　　　　　　D. "边框和底纹"对话框

2. 填空题

（1）在Word文档中，对表格的单元格进行选择后，可以进行插入、移动、＿＿＿＿＿＿、合并和删除等操作。

（2）在表格行边框上拖曳鼠标可以＿＿＿＿＿＿。

（3）要设置表格中内容居中对齐，可在＿＿＿＿＿＿中进行设置。

3. 简答题

（1）如何在Word中为表格应用系统内置的表格样式？

（2）简述在Word中将2行3列的单元格区域拆分为3行2列单元格区域的方法。

3.3.6　举一反三

案例描述：

本案例最终效果图如图3-40所示。

姓名	肖欣	班级	21信息	
性别	女	政治面貌	党员	寸照
联系方式	158********	特长	声乐	
竞选部门	文艺部			
个人简历	2021年9月至今　XX市城市建设职业技术学院 2018年9月-2021年6月　XX市第一高级中学 2015年9月-2018年6月　XX市第五中学			
获奖情况	2020年获得校园十大歌手称号 2019年获得优秀学生干部称号			
未来工作设想	文艺部是一个代表学生的团体，是让每个学生施展自己才华的舞台，因此，我热爱文艺部并渴望成为其中的一员。我活泼外向，直率真诚，热情洋溢，无时无刻不充满干劲！如果我有幸成为文艺部的一员，我一定会刻苦学习，努力工作，积极参与各项活动，贡献自己的力量。			

图 3-40　本案例最终效果图

操作要求：

（1）插入表格。

（2）行高/列宽设置：表格第1列列宽为2.2厘米，第1至第4行的行高为1.5厘米，第5行行高为4厘米，第6行行高为5厘米，第7行行高为7厘米。

（3）输入文字。

（4）表格字体设置：将表格中的标题设置为宋体、小四、加粗；其余文字设置为宋体、五号；在第5至第7行中，第1列的文字方向为纵向；在第5至第7行中，第2列的文字对齐方式为中部两端对齐，其余所有文字对齐方式均为水平居中。

（5）表格框线设置：表格外框线为双实线，宽度为0.5磅；内框线为0.5磅、单实线。

（6）表格底纹设置：为表格中的标题添加底纹，颜色为浅绿。

参考操作步骤：

（1）转到"插入"选项卡，在"表格"选项组中单击"表格"下拉按钮，在下拉列表中选择"插入表格"选项，在弹出的"插入表格"对话框中设置"列数"为"2"，设置"行数"为"7"。

（2）选中表格的第1列，右键单击，在弹出的快捷菜单中选择"表格属性"选项，如图3-41所示。在弹出的"表格属性"对话框中转到"列"选项卡，选中"指定宽度"复选框，并输入"2.2厘米"。

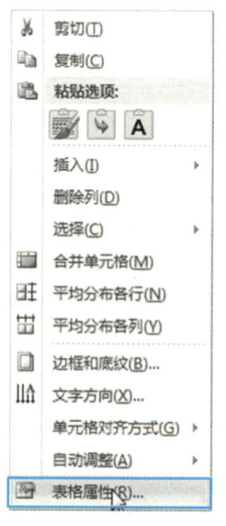

图 3-41　快捷菜单

（3）选中第1至第4行，右键单击，在弹出的快捷菜单中选择"表格属性"选项，弹出"表格属性"对话框，转到"行"选项卡，选中"指定高度"复选框，并输入"1.5厘米"。按照同样方法，分别设置第5至第7行行高为4厘米、5

厘米、7厘米。

（4）将光标移动到表格右侧边线处，按住鼠标左键，将表格第二列拉宽至适当位置，如图3-42所示。

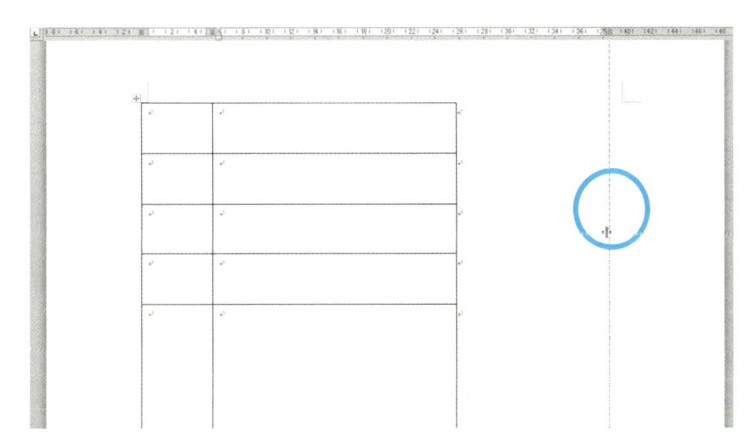

图 3-42　拖曳表格边线更改列宽

（5）选中表格第2列的第1至第3行，转到"布局"选项卡，在"合并"选项组中单击"拆分单元格"按钮，在弹出的"拆分单元格"对话框中设置"列数"为"4"，设置"行数"为"3"。

（6）将光标移动到第2列右侧框线上，并拖曳鼠标，调整至适当宽度。

（7）选中表格第5列的第1至第3行，转到"布局"选项卡，在"合并"选项组中单击"合并单元格"按钮，将其合并为 个单元格。

（8）按照案例描述所示的样表输入文本。

（9）选中表格，转到"开始"选项卡，在"字体"选项组中选择字体下拉列表中的"宋体"和字号下拉列表中的"五号"，设置表格中文字的格式。

（10）选中表格第5至第7行的第1列，转到"布局"选项卡，在"对齐方式"选项组中单击"文字方向"按钮，将文字方向切换为纵向，如图3-43所示。

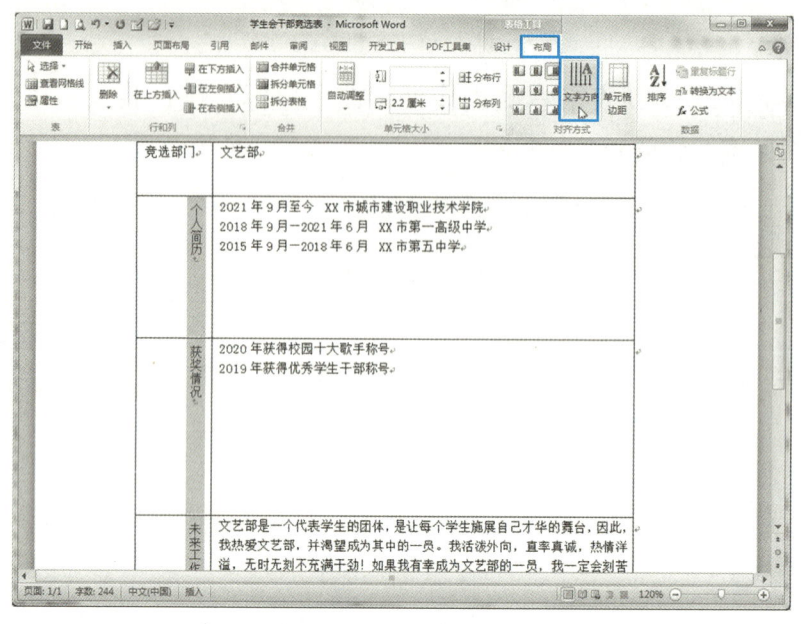

图 3-43　更改文字方向

（11）选中表格，转到"布局"选项卡，在"对齐方式"选项组中单击水平居中按钮▣，设置表格中文字的对齐方式。

（12）选中表格第5至第7行的第2列，转到"布局"选项卡，在"对齐方式"选项组中单击中部两端对齐按钮▣。

（13）选中表格，转到"设计"选项卡，在"表格样式"选项组中单击"边框"下拉按钮，在下拉列表中选择"边框和底纹"选项，在弹出的"边框和底纹"对话框的"边框"选项卡中选择"样式"列表框中的"双实线"，并在右侧的"预览"框中单击内部框线按钮将其取消，如图3-44所示。

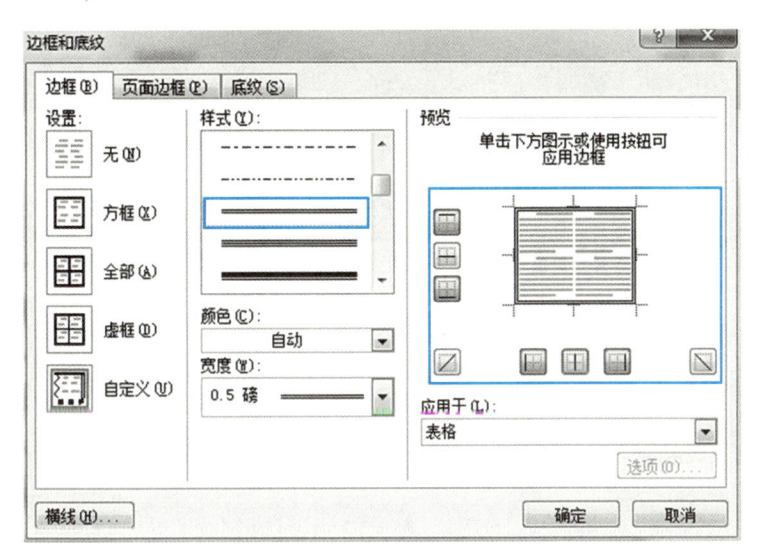

图 3-44　设置表格外部边框

（14）在"样式"列表框中选择"单实线"，并在右侧"预览"框中再次单击表格内部的框线，将其添加，如图3-45所示。

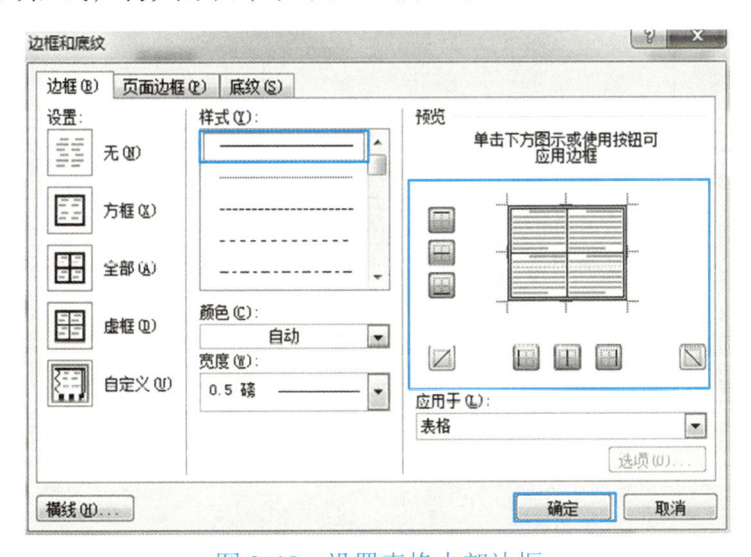

图 3-45　设置表格内部边框

（15）按住"Ctrl"键，在表格标题单元格中拖曳鼠标，以选中所有表格标题，打开"边框和底纹"对话框，转到"底纹"选项卡，在"填充"下拉列表中选择"浅绿"，如图3-46所示。

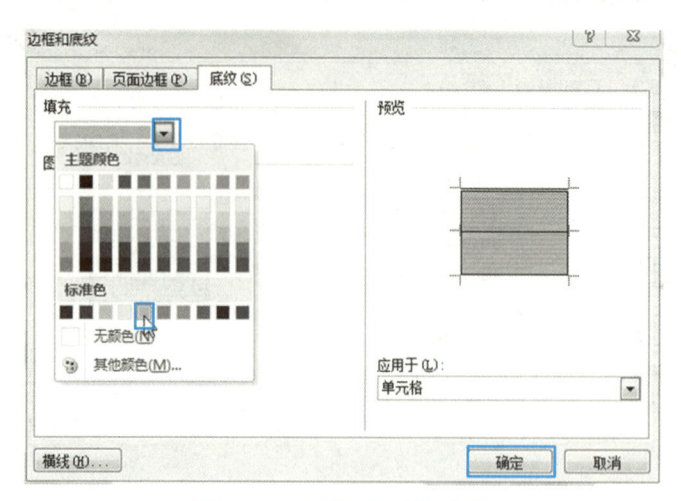

图 3-46 设置单元格底纹

（16）选中所有表格标题，转到"开始"选项卡，在"字体"选项组中单击加粗按钮 B 。

3.3.7 学习评价

评价项目	指标体系	评价			
		不合格	合格	良好	优秀
知识理解	掌握表格的创建方法				
	掌握表格格式的设置方法				
动手能力	会创建表格				
	会格式化表格				
素养与课程思政	强化信息处理手段				
	践行社会主义核心价值观				

实训任务 3.4　绘制图形

3.4.1　实训目标

1. 知识目标

- 掌握图形的绘制方法；
- 掌握图形格式的设置方法；
- 掌握在图形中添加文字的方法。

2. 技能目标
- 会绘制图形；
- 会设置图形格式；
- 会在图形中添加文字。

3. 素养与课程思政目标
- 理论联系实际；
- 秉承脚踏实地的宗旨；
- 切实提高实践能力。

3.4.2 实训内容

本实训任务最终效果图如图3-47所示。

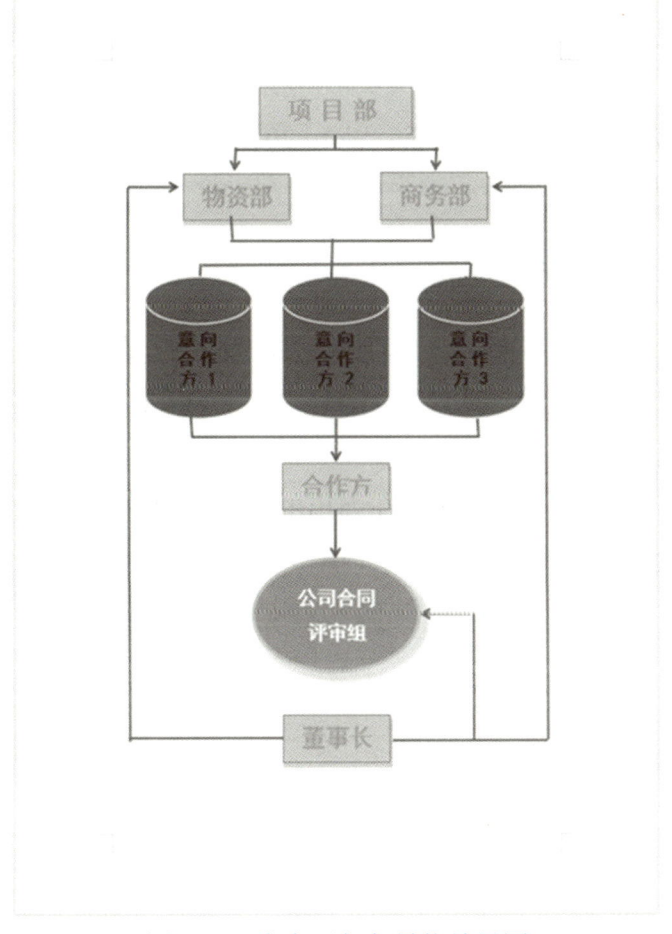

图 3-47 本实训任务最终效果图

绘制图形思维导图如图3-48所示。

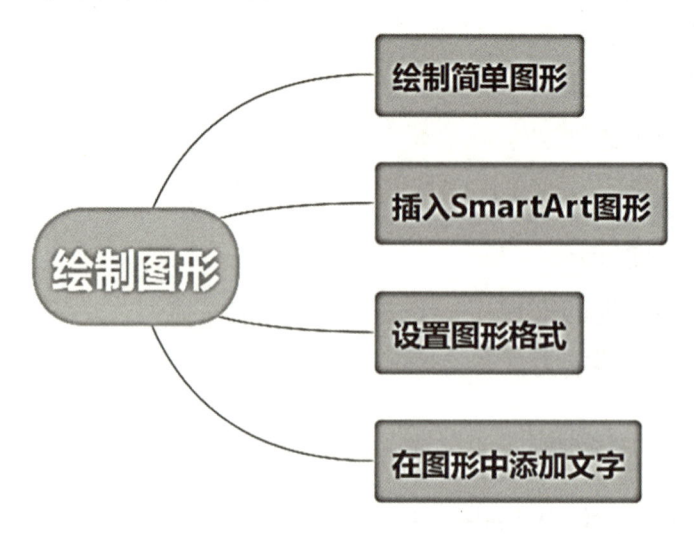

图 3-48　绘制图形思维导图

3.4.3　实训环境

1. 安装好Windows 7操作系统、Word 2010软件的计算机。
2. 素材资源。

3.4.4　实训指导

1. 启动Word，转到"插入"选项卡，在"插图"选项组中单击"形状"下拉按钮，在下拉列表中选择"矩形"工具，如图3-49所示。在页面中按下鼠标左键并拖曳，绘出矩形。

2. 选中矩形，并在其上右击，在弹出的快捷菜单中选择"添加文字"选项，进入编辑文字状态，如图3-50所示。

图 3-49　绘制矩形工具　　　　　　　　图 3-50　添加文字

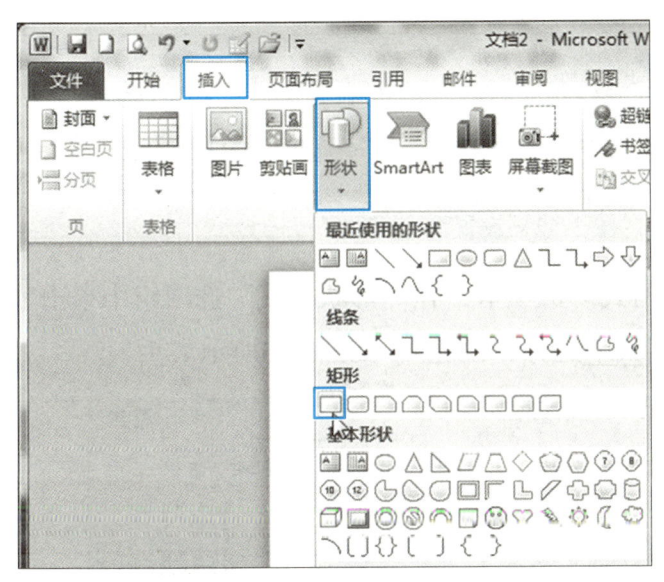

3. 在矩形中输入"项目部",并将文字设置为黑体、二号、加粗、蓝色、居中对齐。

4. 选中图形中的文字,转到"开始"选项卡,单击"字体"选项组右下角的控件，在弹出的"字体"对话框中转到"高级"选项卡,在"间距"下拉列表中选择"加宽",并在"磅值"框中输入"4磅",如图3-51所示。

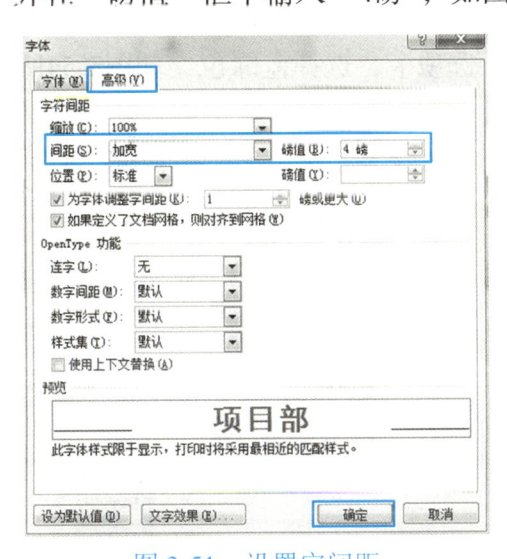

图 3-51　设置字间距

5. 选中矩形,转到"格式"选项卡,在"大小"选项组中的"高度"和"宽度"框中分别输入"1.5厘米"和"5厘米",如图3-52所示。

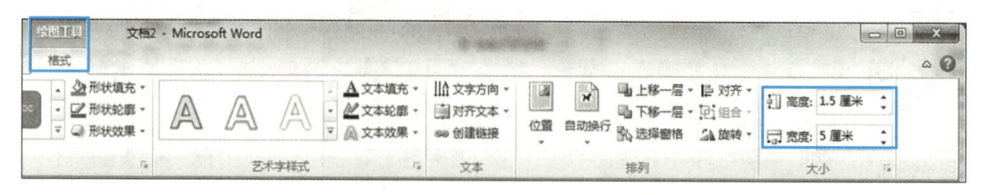

图 3-52　设置图形尺寸

6. 选中矩形,转到"格式"选项卡,在"形状样式"选项组中单击"形状填充"下拉按钮,在下拉列表中选择"橙色",如图3-53所示。

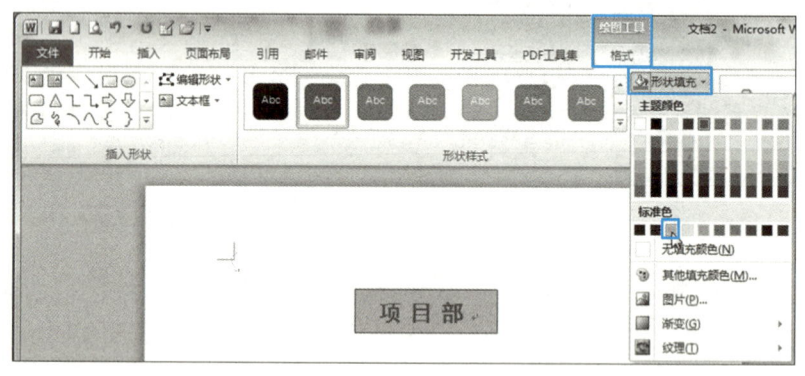

图 3-53　设置图形填充颜色

7. 选中矩形,转到"格式"选项卡,在"形状样式"选项组中单击"形状轮廓"下拉按钮,从下拉列表中选择"其他轮廓颜色"选项,在弹出的"颜色"对话框中转到"标准"选项卡,选择蓝绿色,如图3-54所示。

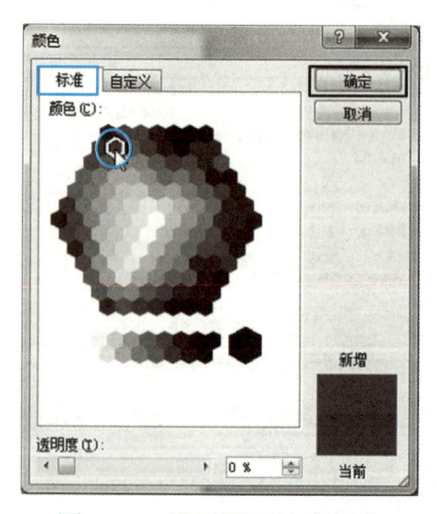

图 3-54　设置图形轮廓颜色

8. 选中矩形，转到"格式"选项卡，在"形状样式"选项卡中单击"形状轮廓"下拉按钮，在下拉列表中选择"粗细"｜"3磅"，如图3-55所示。

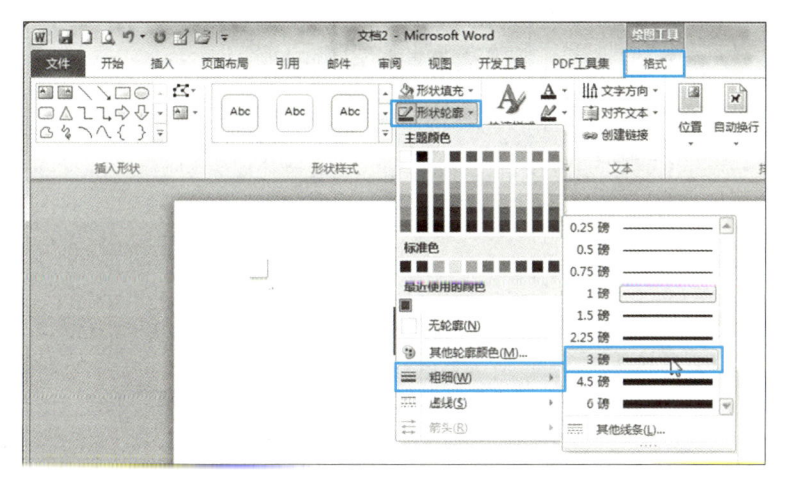

图 3-55　设置图形轮廓粗细

9. 选中矩形，转到"格式"选项卡，在"形状样式"选项组中单击"形状效果"下拉按钮，在下拉列表中选择"阴影"｜"右下斜偏移"，如图3-56所示。

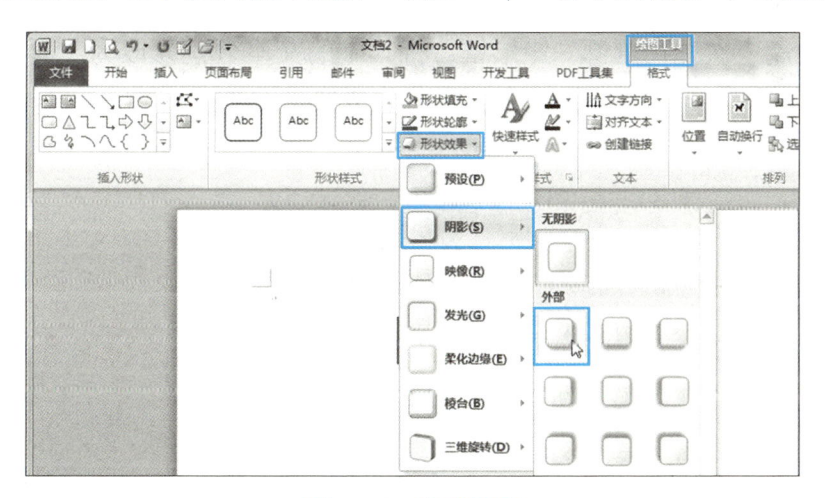

图 3-56　设置阴影

10. 选中矩形，转到"格式"选项卡，在"形状样式"选项组中单击"形状效果"下拉按钮，在下拉列表中选择"阴影"｜"阴影选项"选项，在弹出的"设置形状格式"对话框的"阴影"选项中设置"颜色"为"紫色"，设置"透明度"为"70%"，设置"大小"为"102%"，设置"虚化"为"0磅"，设置"角度"为"70°"，设置"距离"为"4磅"，如图3-57所示。

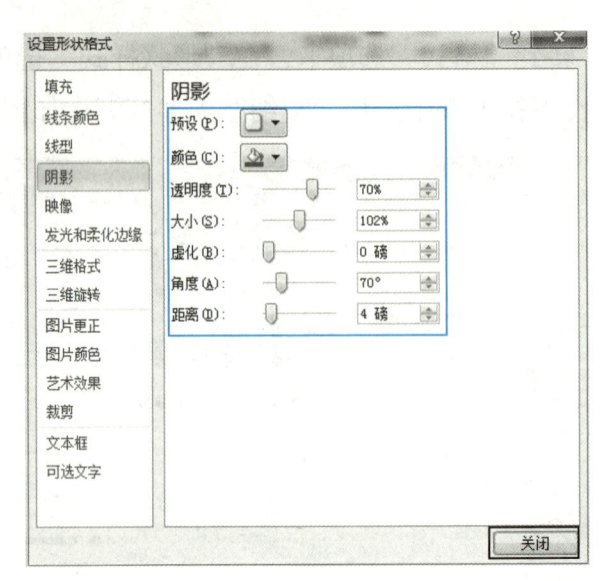

图 3-57　设置阴影选项

11. 调整矩形框到合适位置，按"Ctrl+C"和"Ctrl+V"组合键复制一个新矩形，把新矩形的宽度修改为"3.5厘米"，将字符间距修改为"标准"，将文本修改为"物资部"。

12. 复制三次"物资部"矩形框，将其中的文本分别修改为"商务部"、"合作方"和"董事长"，调整好各个矩形框的位置，如图3-58所示。

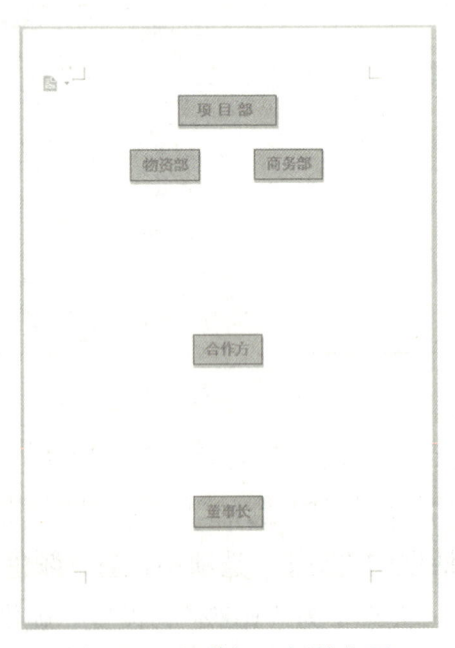

图 3-58　调整矩形框的位置

13. 转到"插入"选项卡，在"插图"选项组中单击"形状"下拉按钮，在下拉列表中选择"流程图：磁盘"选项，在页面合适位置绘制图形，并将其设置为高度为4.5厘米、宽度为3.5厘米，填充颜色为紫色，轮廓颜色为黄色，轮廓粗细为1.5磅，然后在其中输入"意向合作方1"，并将文字设置为黑体、三号、加粗、黑色、间距加宽2磅、居中，行距为固定值18磅，如图3-59所示。

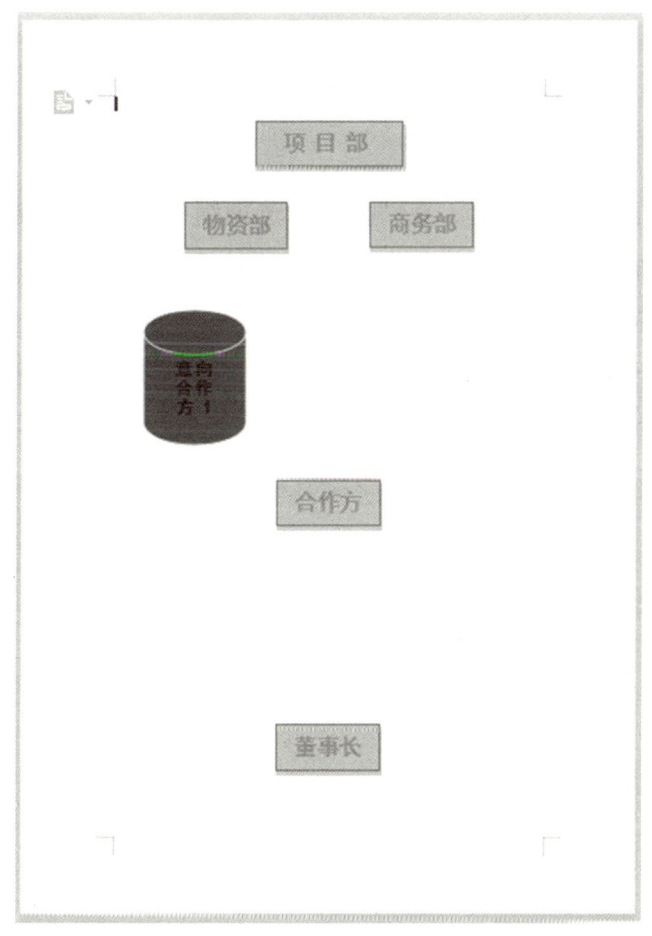

图 3-59　绘制"流程图：磁盘"

14. 复制两个磁盘，将其中的文本分别修改为"意向合作方2"和"意向合作方3"，调整好位置。

15. 在页面中绘制一个椭圆，设置其高度为3.6厘米，宽度为5.4厘米，填充为绿色，轮廓为紫色，轮廓粗细为3磅，并设置外部右下斜偏移阴影，阴影的颜色为淡紫色，透明度为50%，大小为104%，模糊为4磅，角度为60°，距离为4磅，然后在形状中输入"公司合同评审组"，将文字格式设置为黑体、小二、加粗、白色、居中，如图3-60所示。

图 3-60　添加椭圆图形

16. 转到"插入"选项卡，在"插图"选项组中用形状里的"直线"和"箭头"工具，按照案例示意图所示把各个图形连接在一起，并设置线条粗细为2.25磅，轮廓颜色为褐色。

17. 按住"Shift"键，选中所有的图形，转到"格式"选项卡，在"排列"选项组中单击"组合"按钮，把所有图形组合成一个整体，如图3-61所示。

图 3-61　组合形状

3.4.5　基础练习

1. 选择题

（1）在（　　）选项卡中可以设置图形中文字的方向。

　　A. 页面布局　　　　　　　B. 格式
　　C. 两者都可以　　　　　　D. 两者都不可以

（2）可以在文档中直接插入的矩形、椭圆、箭头、星形等，在Word中统称为（　　）。

　　A. 几何图形　　　　　　　B. 简单图形
　　C. 形状　　　　　　　　　D. 图形

（3）使用（　　）选项卡中的文字工具可以在图形中添加带有艺术效果的文字。

A. 开始 B. 插入
C. 绘图 D. 格式

（4）当选择了图形命令时，鼠标指针会变成（　　）形状。

A. 十字 B. I
C. 空心箭头 D. 实心箭头

2. 填空题

（1）设置图形格式的"格式"选项卡需要在_____的情况下才会出现。

（2）在Word 2010中，图形轮廓线条粗细的单位是_____。

（3）选择多个图形后，可以使用_____工具将它们结合为一个整体统一操作。

3. 简答题

（1）如何在图形中输入文字？

（2）如何使用系统标准色之外的颜色填充图形？

3.4.6　举一反三

案例描述：

本案例最终效果图如图3-62所示。

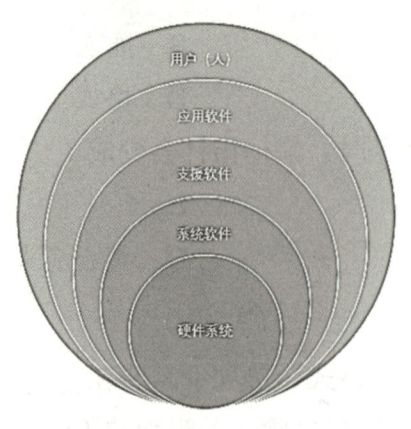

图 3-62 本案例最终效果图

操作要求：

利用SmartArt图形制作一个关系图。

参考操作步骤：

（1）启动Word，转到"插入"选项卡，在"插图"选项组中单击"SmartArt"按钮，在弹出的"选择SmartArt图形"对话框中选择"关系"｜"堆积维恩图"选项，如图3-63所示。

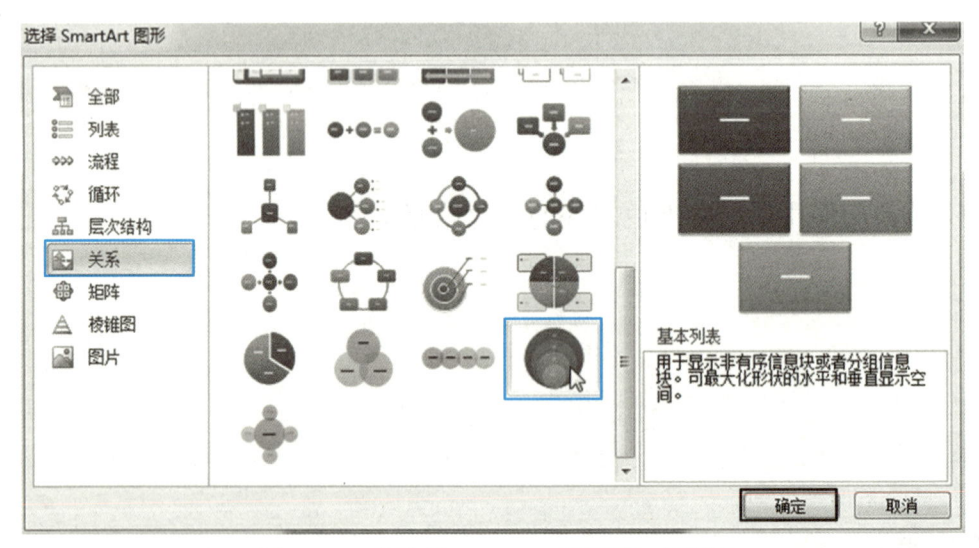

图 3-63 "选择 SmartArt 图形"对话框

（2）选中插入的图形，转到"设计"选项卡，在"创建图形"选项组中单击"添加形状"下拉按钮，在下拉列表中选择"在前面添加形状"选项，如图3-64所示。

— 132 —

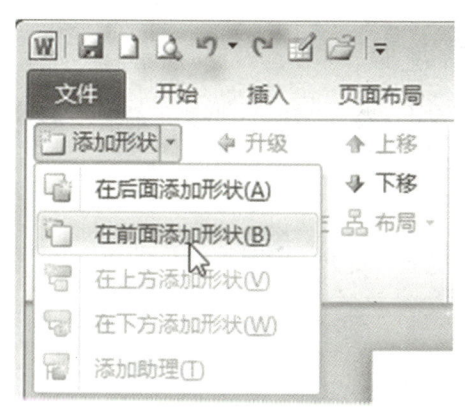

图 3-64　添加形状

（3）选中图形，转到"设计"选项卡，在"创建图形"选项组中单击"文本窗格"按钮，在弹出的窗格中从下至上依次输入"硬件系统"、"系统软件"、"支援软件"、"应用软件"和"用户（人）"，如图3-65所示。

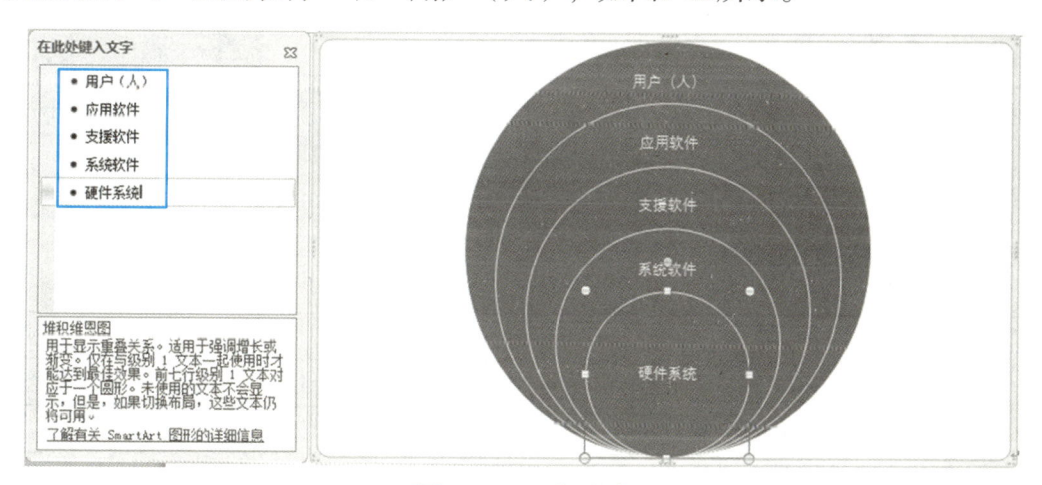

图 3-65　添加文字

（4）选中图形，转到"设计"选项卡，在"SmartArt样式"选项组中单击"更改颜色"下拉按钮，在下拉列表中选择"彩色范围-强调文字颜色5至6"选项，如图3-66所示。

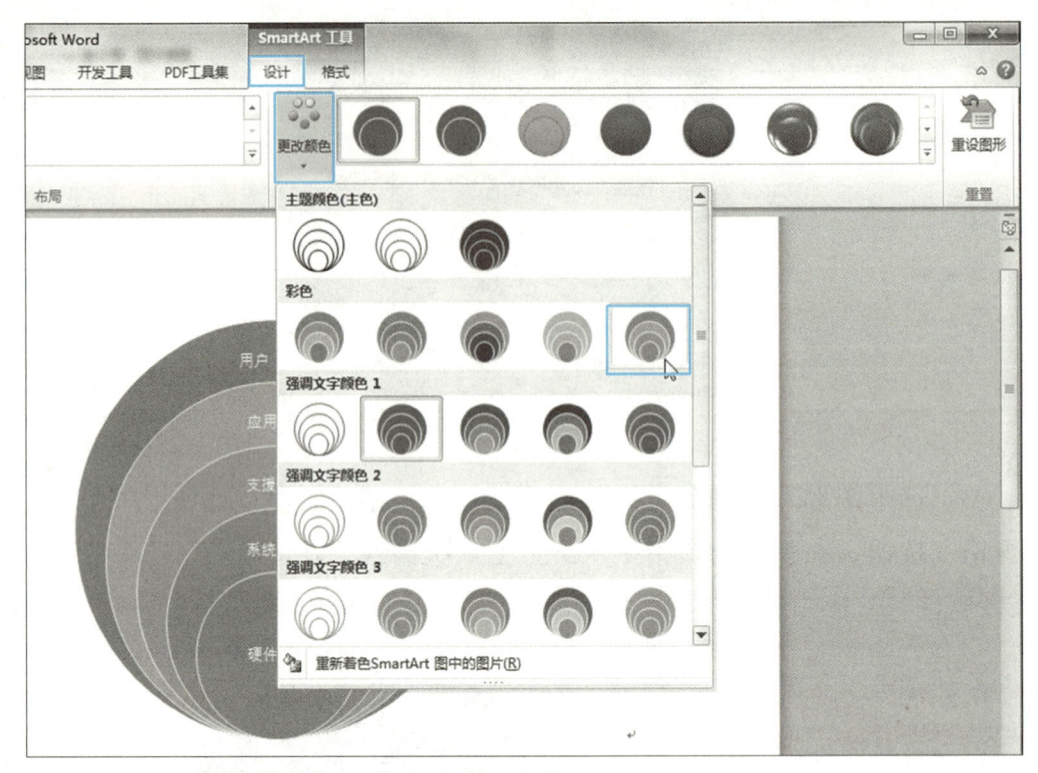

图 3-66　更改图形颜色

3.4.7 学习评价

评价项目	指标体系	评　　价			
		不合格	合格	良好	优秀
知识理解	掌握图形的绘制方法				
	掌握图形格式的设置方法				
	掌握在图形中添加文字的方法				
动手能力	会绘制图形				
	会设置图形格式				
	会在图形中添加文字				
素养与课程思政	理论联系实际				
	秉承脚踏实地的宗旨				
	切实提高实践能力				

实训任务 3.5　编 排 图 文

3.5.1　实训目标

1. 知识目标

- 掌握在文档中插入图片等对象的方法；
- 掌握图文混合排版的方法；
- 掌握提取目录和添加页眉/页脚的方法。

2. 技能目标

- 会插入和编辑图片等对象；
- 会设置对象的文字环绕方式；
- 会在长文档中提取目录；
- 会设置页眉和页脚。

3. 素养与课程思政目标

- 弘扬爱国精神；
- 践行社会主义核心价值观；
- 增强民族自信。

3.5.2　实训内容

本实训任务最终效果图如图 3-67 所示。

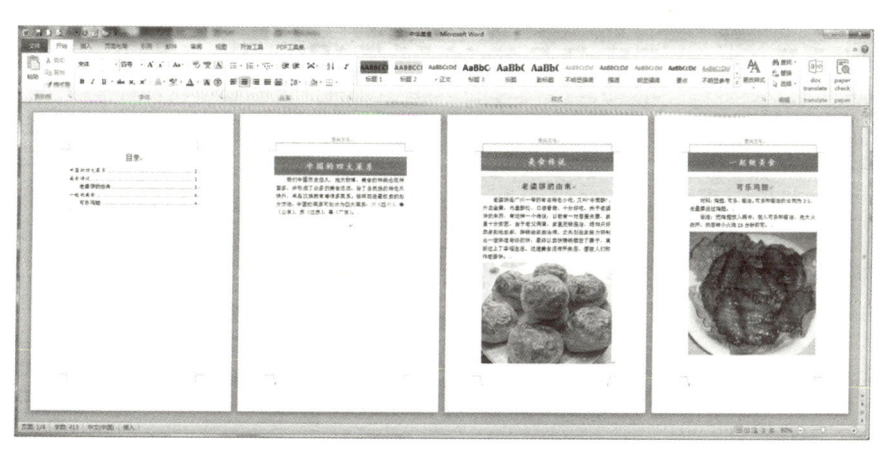

图 3-67　本实训任务最终效果图

编排图文思维导图如图3-68所示。

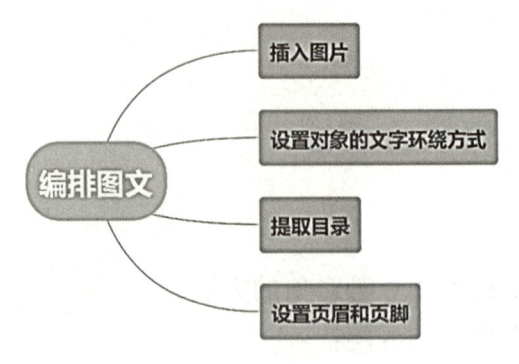

图 3-68　编排图文思维导图

3.5.3　实训环境

1. 安装好Windows 7操作系统、Word 2010软件的计算机。
2. 素材资源。

3.5.4　实训指导

1. 打开"素材\中华美食"，设置纸张大小为大32开，纵向，上、下、左、右页边距设置均为2.5厘米，装订线为0厘米，装订线位置为"左"。

2. 将光标放在"美食传说"标题文字前，转到"页面布局"选项卡，在"页面设置"选项组中单击"分隔符"下拉按钮，在下拉列表中选择"下一页"选项，添加分节符，如图3-69所示。同样，在"一起做美食"标题前添加分节符。

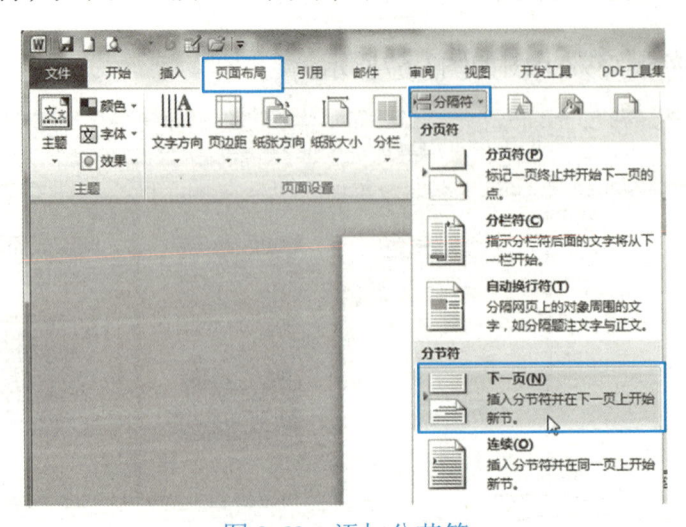

图 3-69　添加分节符

3. 将光标放在"美食传说"一节结尾，转到"插入"选项卡，在"插图"选项组中单击"图片"按钮，在弹出的"插入图片"对话框中选择"素材\老婆饼"文件，插入图片，如图3-70所示。同样，在"一起做美食"一节后插入"可乐鸡翅"图片。

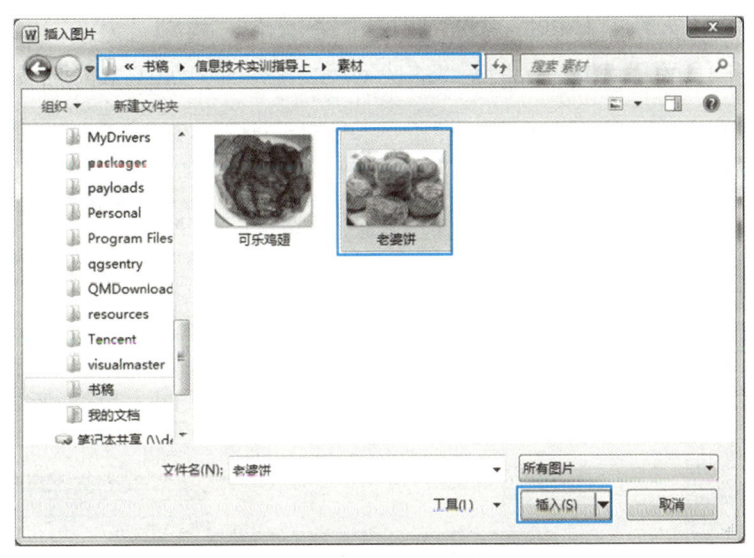

图 3-70　插入图片

4. 选中插入的图片，右键单击，在弹出的快捷菜单中选择"大小和位置"选项，在弹出的"布局"对话框中转到"大小"选项卡，选中"锁定纵横比"复选框，然后选中"宽度"选项组中的"绝对值"单选按钮，并输入"9厘米"，如图3-71所示。

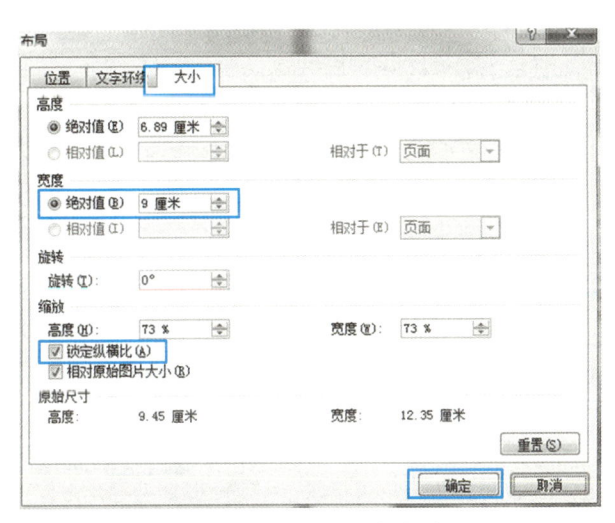

图 3-71　设置图片大小

5. 分别选中"中国的四大菜系""美食传说""一起做美食"3个标题文本，为其应用"标题1"样式，并设置字体格式为楷体、三号、加粗、居中。

6. 分别选中"老婆饼的由来""可乐鸡翅"文本，应用"标题2"样式，并设置字体格式为黑体、四号、居中。

7. 在文档开头按"Enter"键添加一个空段落，转到"开始"选项卡，展开"样式"选项组中的样式库，选择"清除格式"选项，如图3-72所示。

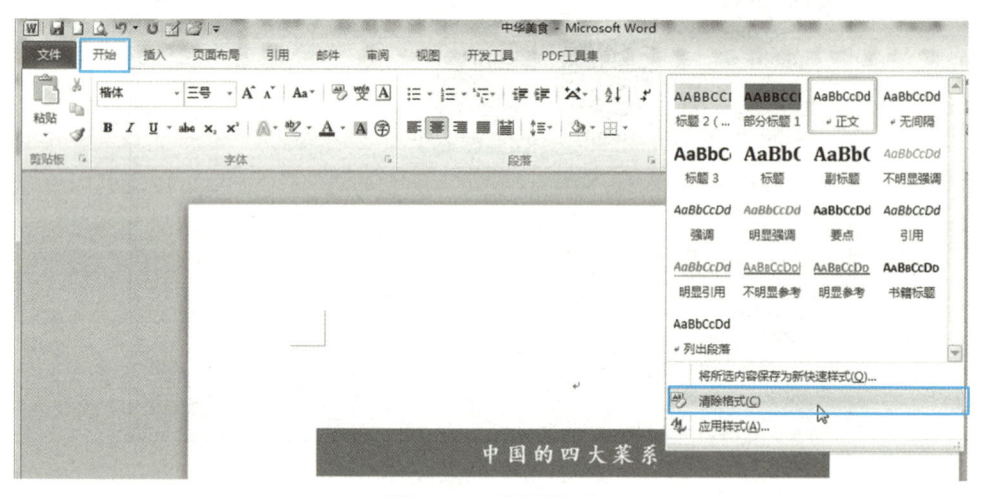

图 3-72　清除格式

8. 转到"引用"选项卡，在"目录"选项组中单击"目录"下拉按钮，在下拉列表中选择"插入目录"选项，在弹出的"目录"对话框中将"显示级别"设置为"2"，如图3-73所示。

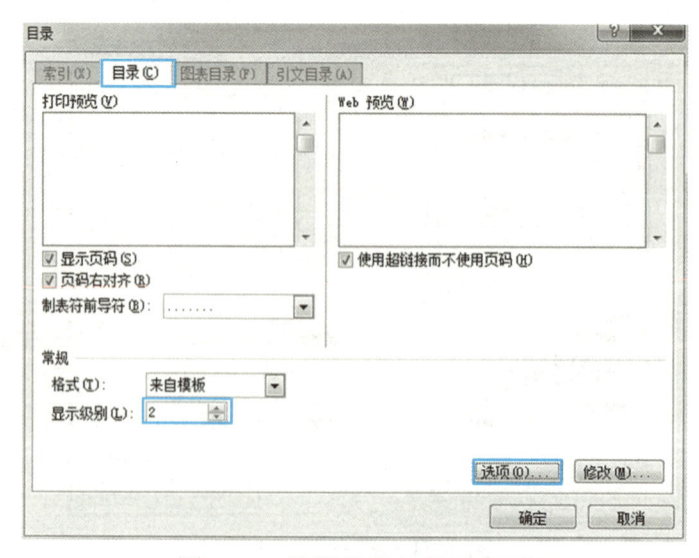

图 3-73　设置目录的显示级别

9. 把光标定位到生成的目录的下一行，按"Ctrl+Enter"组合键添加分页符。

10. 选中生成的目录，转到"引用"选项卡，在"目录"选项组中单击"更新目录"按钮，在弹出的"更新目录"对话框中选中"更新整个目录"单选按钮，如图3-74所示。

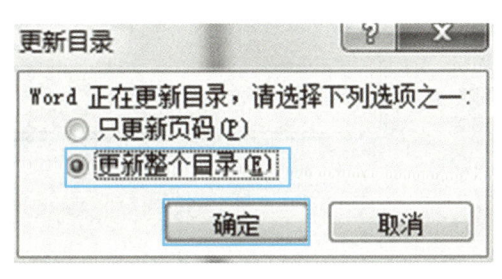

图 3-74　更新整个目录

11. 在目录上方输入文字"目录"，并将其设置为四号字，居中对齐，1.2倍行距。

12. 将光标放在目录内容后面，插入一个分节符。

13. 将光标放在文档第二页中，转到"插入"选项卡，在"页眉和页脚"选项组中单击"页眉"下拉按钮，在下拉列表中选择"编辑页眉"选项，然后在自动显示的"设计"选项卡"选项"选项组中选中"首页不同"复选框，如图3-75所示。

图图 3-75　设置首页不同

14. 在页眉的位置输入文字"舌尖文化"。

15. 转到"设计"选项卡，在"导航"选项组中单击"转至页脚"按钮，然后在"页眉和页脚"选项组中单击"页码"下拉按钮，在下拉列表中选择"页面底端"｜"普通数字1"选项，在页脚处插入页码，如图3-76所示。

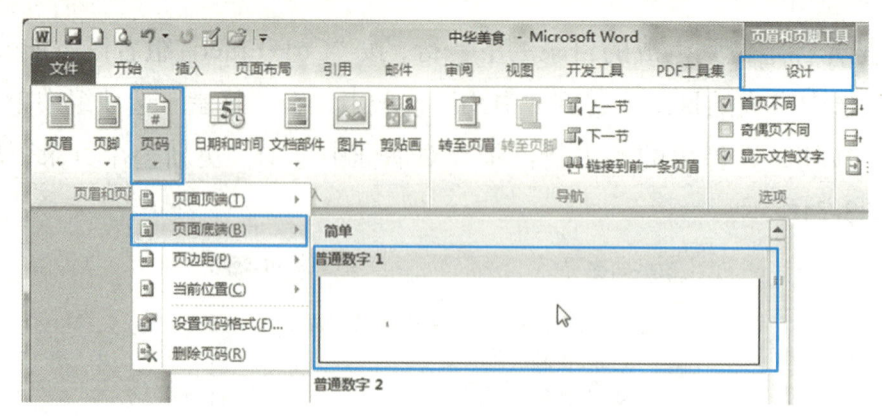

图 3-76 插入页码

16. 双击第2页的页脚，转到"设计"选项卡，在"导航"选项组中单击"链接到前一条页眉"按钮，使其取消按下状态。

17. 转到"设计"选项卡，在"页眉和页脚"选项组中单击"页码"下拉按钮，在下拉列表中选择"设置页码格式"选项，在弹出的"页码格式"对话框中选中"起始页码"单选按钮，并将其设置为"1"，如图3-77所示。

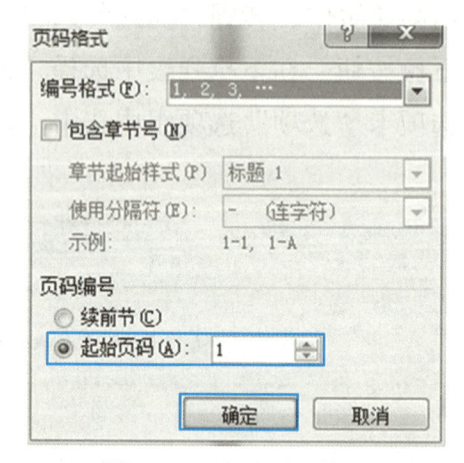

图 3-77 设置页码格式

18. 双击文档区域，退出页眉和页脚编辑状态。

3.5.5 基础练习

1. 选择题

（1）要让插入的对象像字符一样随其他文字一起移动，可以将其文字环绕方式设置为（ ）。

  A．四周型   B．紧密型

C. 穿越型 D. 嵌入型

（2）要在文档中添加一幅自己绘制并保存在计算机中的图片，可使用（　　）工具实现。

A. 插入形状 B. 插入图片

C. 插入剪贴画 D. 插入 SmartArt 图形

（3）选中插入的图片后，功能区中会自动出现一个（　　）选项卡。

A. 图片 B. 工具

C. 格式 D. 布局

（4）使用（　　）工具可以快速将图片中多余的部分和背景清除掉。

A. 删除背景 B. 裁剪

C. 重设图片 D. 更改图片

2. 填空题

（1）在提取目录之前，需要先将用于生成目录的文字_____。

（2）在_____对话框中可以设置图片的大小和位置。

（3）在"布局"对话框中设置图片大小时，要想图片不变形，可选中_____复选框。

3. 简答题

（1）简述为文档设置奇偶页不同的页眉/页脚的方法。

（2）如何将一个文档分成两个部分并进行不同的页面设置？

3.5.6 举一反三

案例描述：

本案例最终效果图如图3-78所示。

图 3-78　本案例最终效果图

操作要求：

（1）打开任意文档，在文档开头插入一幅剪贴画。

（2）通过搜索关键词查找想要的剪贴画。

（3）将剪贴画背景设置为透明。

参考操作步骤：

（1）打开任意文档，把光标定位在文档开头，转到"插入"选项卡，在"插图"选项组中单击"剪贴画"按钮，在打开的"剪贴画"窗格的"搜索文字"文本框中输入关键词，搜索并插入想要的剪贴画，如图3-79所示。

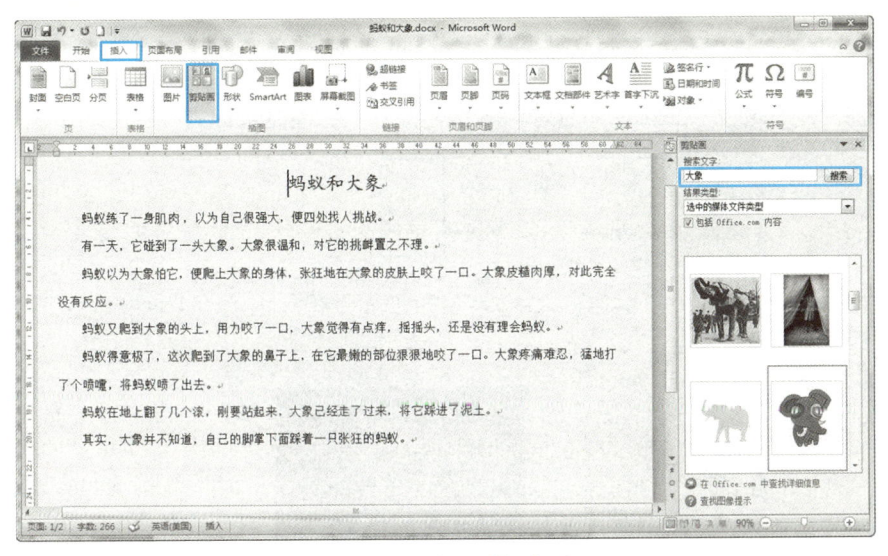

图 3-79　插入剪贴画

　　（2）选中插入的剪贴画，将鼠标光标放在选择框上的控点上，拖曳鼠标更改剪贴画　　大小。

　　（3）转到"格式"选项卡，在"排列"选项组中单击"位置"下拉按钮，在下拉列表中选择"顶端居左，四周型文字环绕"选项，如图3-80所示。

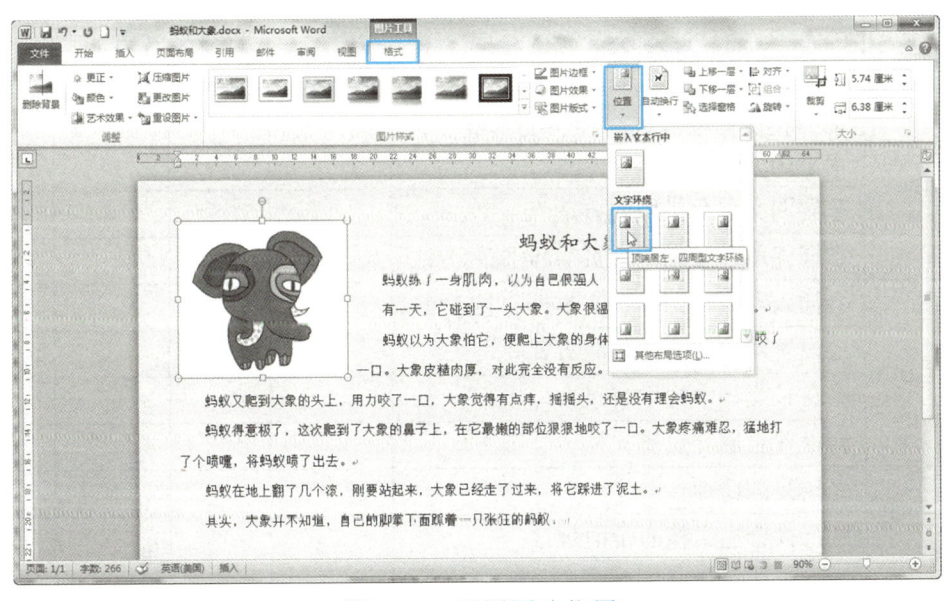

图 3-80　设置图片位置

　　（4）选中图片，转到"格式"选项卡，在"调整"选项组中单击"删除背景"按钮，系统会自动圈出主图区域并出现"背景消除"选项卡，确认无误后在"背景消除"选项卡中单击"关闭"选项组中的"保留更改"按钮，如图3-81

所示。

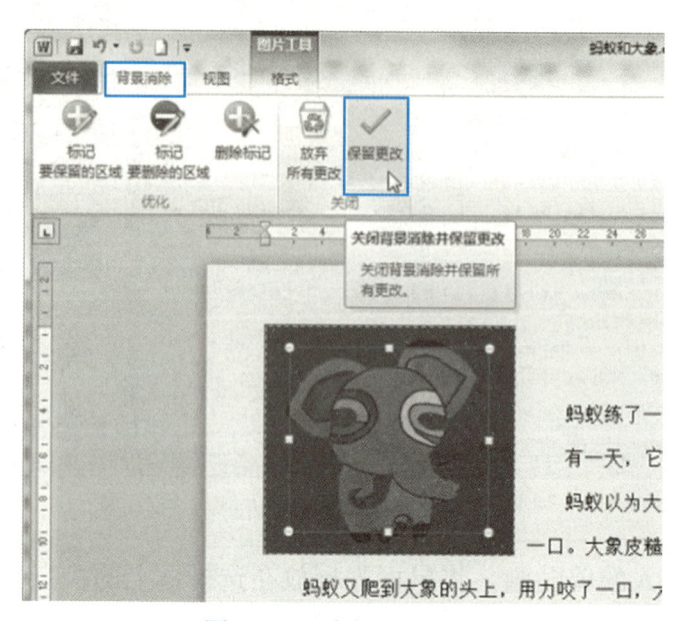

图 3-81　删除图片背景

3.5.7　学习评价

评价项目	指标体系	评　　　价			
		不合格	合格	良好	优秀
知识理解	掌握在文档中插入图片、文本框、艺术字的方法				
	掌握图文混合排版的方法				
	掌握提取目录和添加页眉/页脚的方法				
动手能力	会插入和编辑图片、文本框、艺术字				
	会设置对象的文字环绕方式				
	会在长文档中提取目录				
	会设置页眉和页脚				
素养与课程思政	弘扬爱国精神				
	践行社会主义核心价值观				
	增强民族自信				

附录A 综合练习

要求：

根据给出的素材，自由创作一份3页的个人简历，要求如下：

（1）第1页为封面，第2页为个人信息，第3页为成绩表。

（2）A4纸，纵向纸张。

（3）需使用图片、形状、文本框、艺术字等技术。

（4）页面美观整洁，内容丰富多彩。

方法提示：

1. 启动Word。

单击"开始"按钮，在"开始"菜单中选择"所有程序"｜"Microsoft Office"｜"Microsoft Word 2010"选项。

2. 选择纸张。

转到"页面布局"选项卡，在"页面设置"选项组中单击"纸张大小"下拉按钮，在下拉列表中选择"A4"选项。

3. 设置边距。

转到"页面布局"选项卡，在"页面设置"选项组中单击"页边距"下拉按钮，在下拉列表中选择"自定义边距"选项，在弹出的对话框中进行设置。

4. 页面背景。

（1）图片背景：转到"插入"选项卡，在"插图"选项组中单击"图片"按钮，在弹出的对话框中选择背景图片。

（2）纯色背景：转到"页面布局"选项卡，在"页面背景"选项组中单击"页面颜色"下拉按钮，在下拉列表中选择背景颜色。

5. 插入艺术字。

转到"插入"选项卡，在"文本"选项组中单击"艺术字"下拉按钮，在下拉列表中选择艺术字样式。

6. 插入图片。

转到"插入"选项卡，在"插图"选项组中单击"图片"按钮，在弹出的对话框中选择背景图片。

7. 插入文本框。

转到"插入"选项卡，在"文本"选项组中单击"文本框"下拉按钮，在下拉列表中选择"绘制文本框"或"绘制竖排文本框"选项，然后在页面上单击或拖曳鼠标绘出文本框。

8. 插入形状。

转到"插入"选项卡，在"插图"选项组中单击"形状"下拉按钮，在下拉列表中选择图形，然后在页面拖曳鼠标绘出形状。

9. 层叠设置（文字环绕）。

选中某个图转到"格式"选项卡，在"排列"选项组中单击"自动换行"下拉按钮，或单击"上移一层"或"下移一层"下拉按钮，在下拉列表中选择所选对象的层次。

封面操作提示：

参考教师发送的封面作品，用上自选图形、文本框、艺术字、图片等技术自由创作，一般要包含个人简历标题、姓名、专业、毕业学校、联系电话等文字。

第2页个人信息操作提示：

个人信息页样文如图1所示。

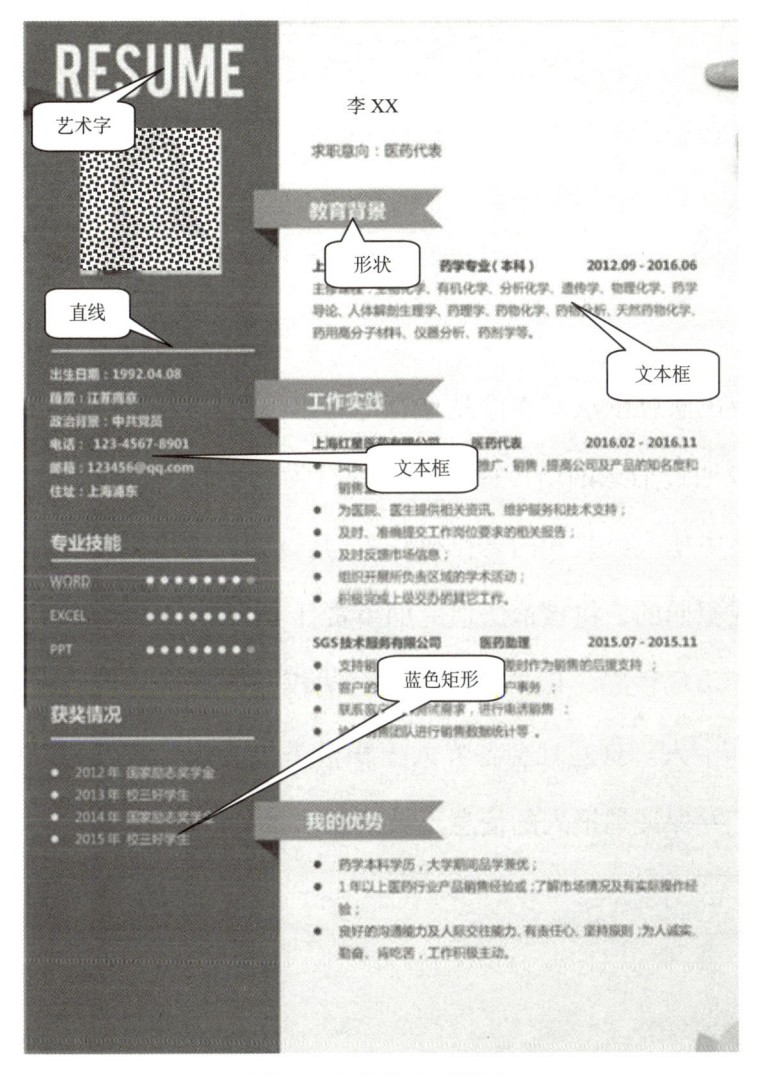

图1　个人信息页样文

第3页成绩表操作提示：

成绩表样表如下所示。

科　　目	第1学期	第2学期	第3学期	第4学期	第5学期	第6学期
计算机基础	90	88				
财务会计	95	96				
语文	89	90	88	85		
英语	80	86				
数学	80	85				

反侵权盗版声明

电子工业出版社依法对本作品享有专有出版权。任何未经权利人书面许可，复制、销售或通过信息网络传播本作品的行为；歪曲、篡改、剽窃本作品的行为，均违反《中华人民共和国著作权法》，其行为人应承担相应的民事责任和行政责任，构成犯罪的，将被依法追究刑事责任。

为了维护市场秩序，保护权利人的合法权益，我社将依法查处和打击侵权盗版的单位和个人。欢迎社会各界人士积极举报侵权盗版行为，本社将奖励举报有功人员，并保证举报人的信息不被泄露。

举报电话：（010）88254396；（010）88258888

传　　真：（010）88254397

E-mail：　dbqq@phei.com.cn

通信地址：北京市万寿路南口金家村288号华信大厦
　　　　　电子工业出版社总编办公室

邮　　编：100036